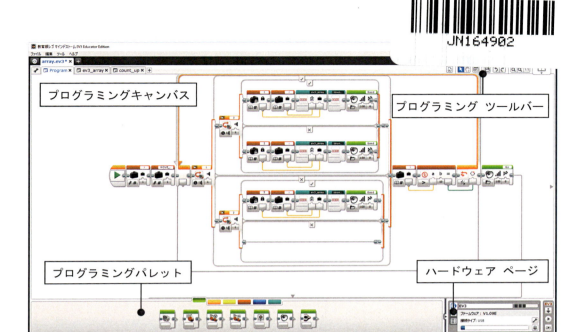

EV3 ソフトウェア (EV3-SW) 操作画面

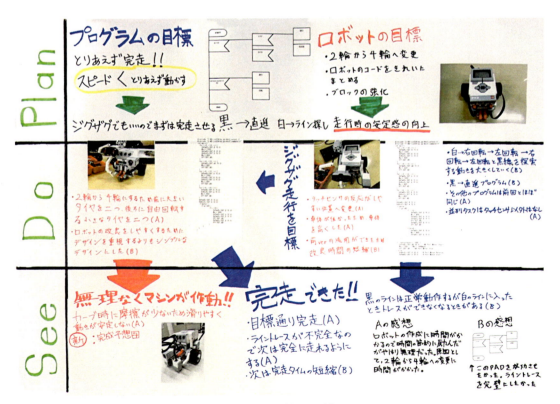

プロセスチャート（第 10 章）

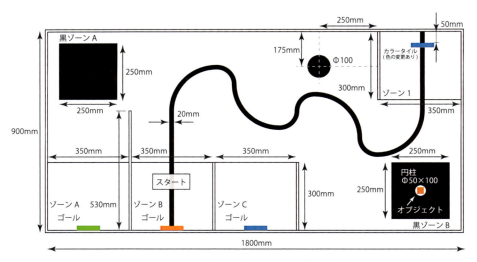

ロボット大会コース（第7章）

CU-Robocon（WROジャパン東海地区予選）

~WRO~

　WRO(World Robot Olympiad：ワールド ロボット オリンピアード)は，LEGO Mindstormsを使った自律型ロボットによる競技です．2004年にシンガポールにて第1回大会が開催され，その後，毎年世界中のどこかで世界大会が開催されています．内容は，小学生，中学生，高校生部門と分かれ，その競技の難易度も異なります．世界大会へ出場するには，国内各地で開催される予選を突破し，国内決勝を勝ち進まないといけません．

~CU-Robocon~

　中部大学（愛知県）では，WRO東海地区予選会（小学生，中学生，高校生部門）が毎年開催されています．

http://www3.chubu.ac.jp/cu-robocon/

［第2版］

実践
ロボット
プログラミング

LEGO Mindstorms EV3で目指せロボコン！

［著者］
藤吉弘亘・藤井隆司・鈴木裕利・石井成郎

近代科学社

◆ 読者の皆さまへ ◆

平素より，小社の出版物をご愛読くださいまして，まことに有り難うございます．

(株)近代科学社は1959年の創立以来，微力ながら出版の立場から科学・工学の発展に寄与すべく尽力してきております．それも，ひとえに皆さまの温かいご支援があってのものと存じ，ここに衷心より御礼申し上げます．

なお，小社では，全出版物に対してHCD（人間中心設計）のコンセプトに基づき，そのユーザビリティを追求しております．本書を通じまして何かお気づきの事柄がございましたら，ぜひ以下の「お問合せ先」までご一報くださいますよう，お願いいたします．

お問合せ先：reader@kindaikagaku.co.jp

なお，本書の制作には，以下が各プロセスに関与いたしました：

・企画：山口幸治
・編集：山口幸治
・組版：藤原印刷 (LaTeX)
・印刷：藤原印刷
・製本：藤原印刷 (PUR)
・資材管理：藤原印刷
・カバー・表紙デザイン：Soulmates Interactive（藤吉功光）
・広報宣伝・営業：冨髙琢磨，山口幸治，東條風太

"LEGO, MINDSTORMS, the Brick and Knob configurations and the Minifigure are trademarks of the LEGO Group, which does not sponsor, authorize or endorse this book."

「レゴ，マインドストーム，ブロック，ブロックのノブの形状及びミニフィギュアはレゴグループのトレードマークであり，レゴは，本書籍のスポンサーではなく，許可または推奨するものではありません．」

● 本書に記載されている会社名・製品名等は，一般に各社の登録商標または商標です．本文中の©．®．TM 等の表示は省略しています．

・本書の複製権・翻訳権・譲渡権は株式会社近代科学社が保有します．
・ JCOPY 〈(社)出版者著作権管理機構 委託出版物〉
本書の無断複写は著作権法上での例外を除き禁じられています．
複写される場合は，そのつど事前に(社)出版者著作権管理機構
(https://www.jcopy.or.jp，e-mail: info@jcopy.or.jp) の許諾を得てください．

まえがき

　ロボットを思い通りに操るにはどうすればよいでしょうか？

　ロボットに動きを命令するためには，プログラムを作成（プログラミング）する必要があります．本書では LEGO Mindstorms EV3 を用いて，ロボットプログラミングの方法を解説します．まったくの初心者でも，「基礎編」「応用編」の順に学習を進めていくことで，ロボットプログラミングを段階的にマスターできるように構成されています．さらに，「競技編」では，ロボット競技大会に参加するためのロボット作りの方法を紹介します．

　本書には，他のテキストにはない特徴が2つあります．

　1つめの特徴は，プログラムの表記方法を工夫したことです．LEGO Mindstorms EV3 では，初心者向けに GUI によるレゴロボット特有のプログラミング言語と，中・上級者向けに C 言語の開発環境が2種類が用意されています．そこで本書では，(1) 目標となるプログラムのアルゴリズム (PAD)，(2) PAD に対応する GUI プログラム (EV3-SW)，(3) C 言語プログラム (NXC) の3つを併記することにしました．初心者から上級者まで，3つのソースを相互参照しながら，ロボットプログラミングを効率よくマスターすることができます．

　2つめの特徴は，プログラミングの方法だけではなく，ものづくりを行う上で役に立つ理論・ノウハウをまとめたことです．本書では，ものづくりの基本サイクルである PDS(Plan-Do-See) サイクルを紹介します．PDS サイクルに基づいて，ロボット作りの計画の立てかた（モデリング）や作成したロボットの評価のしかた（リフレクション）を，実例を挙げながら解説しています．また，おもしろいアイディアの出し方やグループ作業のコツなど，ロボット競技大会に参加する上で役立つ知識をあわせて紹介しています．

本書の使い方

プログラムを初めて学ぶ人：

　まずは，EV3-SW でプログラミングを始めましょう．その際は，2章の C 言語の文法と，4章，5章，6章，7章に出てくる NXC プログラムは読み飛ばして問題ありません．EV3-SW を駆使して，レゴロボットの競技会である WRO(World Robot Olympiad) のミドル競技にチャレンジしてみましょう．

EV3-SW をひととおり学んだ後，さらに高度なプログラミングを取得したい人は，再度，4 章以降の同じ課題を NXC（C 言語）で取り組むとよいでしょう．

LEGO プログラミング (EV3-SW) の経験がある人：
　LEGO Mindstorms に付属する EV3-SW のプログラミング経験者は，次のステップとして高度なプログラムを作成可能な NXC（C 言語）にチャレンジしてみましょう．その際には，PAD と EV3-SW を比べながら NXC を理解すると良いでしょう．NXC で学んだプログラミングの知識は，LEGO ロボットだけでなく，幅広く応用することが可能です．

ロボット競技会を目指す人：
　プログラムを理解できるようになったら，7 章を参考にロボット競技会にチャレンジしましょう．ロボット競技会は一人ではなく，チームで参加することが多くあります．その際には，8 章「ロボット作り上達のために」，9 章「コース攻略法を考えよう」，10 章「リフレクションをしよう」を読んで下さい．きっと，プログラミングだけでなく，ロボット競技会に向けて，役に立つヒントを見つけることができるはずです．

本書を使用してロボットプログラムを教える先生：
　各章のはじめに具体的な学習目標をまとめました．また，各章の最後に演習問題を用意しました．指導の際に適宜ご利用いただければと思います．プログラミングのための環境設定につきましては，下記の Web ページを参考にしてください．

http://robot-programming.jp/

本書を通じてロボットプログラミングの楽しさに触れてもらえれば幸いです．謝辞：本書を作成するにあたり，中部大学 CU-Robocon 関係者，学生の皆さんに多大なご協力をいただき，ありがとうございました．九州工業大学工学研究院基礎科学研究系 花沢明俊先生には，NXC ヘッダファイルの提供とプログラムのご助言で大変お世話になり感謝しております．本書の完成まで支えて下さった近代科学社の編集部に感謝いたします．そしてこの本を手にとっている読者の方に感謝いたします．

　2018 年 4 月　　　　　　　　　　　　　　　　　　　　　　　　著者一同

目　次

第1章　ロボット　　1

- 1.1　ロボットとは 1
- 1.2　ロボットの歴史 2
- 1.3　ロボットの形態とその応用 3
- ■ 演習問題1 7

第2章　プログラミングとは　　9

- 2.1　プログラムとアルゴリズム 9
- 2.2　プログラムの設計図 10
  - 2.2.1　PAD 11
  - 2.2.2　フローチャート 13
- 2.3　コンピュータが理解できる言語 14
- 2.4　C言語の文法 15
  - 2.4.1　変数のデータ型 15
  - 2.4.2　演算子 15
  - 2.4.3　選択構造（if 文，switch 文） 16
  - 2.4.4　反復構造（for 文，while 文，do-while 文） 18
  - 2.4.5　配列 19
  - 2.4.6　関数 20
  - 2.4.7　#define 文 20
  - 2.4.8　外部変数とスコープ 21
- ■ 演習問題2 22

第3章　LEGO ロボットをプログラムしよう　　23

- 3.1　LEGO Mindstorms について 23
- 3.2　プログラムを作成するには 29
  - 3.2.1　ロボットへプログラムを送るには 30
  - 3.2.2　プログラムの作成 31
- 3.3　音を鳴らしてみよう 35
- 3.4　プログラムを実行してみよう 38
  - 3.4.1　プログラムの転送と実行（EV3-SW の場合）........ 38
  - 3.4.2　NXC のコンパイル（コマンドラインの場合）....... 40
  - 3.4.3　NXC のコンパイル（BricxCC の場合）............. 40
  - 3.4.4　プログラムの転送と実行（NXC の場合）........... 41
- 3.5　メロディを奏でよう 45
- ■ 演習問題 3 47

第4章　LEGO ロボットのモータを制御しよう（基礎編）　　49

- 4.1　ロボットの組み立て 49
  - 4.1.1　入力ポートと出力ポート 50
- 4.2　ロボットを前進させるには（モータ制御 1）................. 50
  - 4.2.1　前進させるには 50
  - 4.2.2　モータ制御によるロボットの前進 51
  - 4.2.3　動作（実行）の確認 54
- 4.3　ロボットを旋回させるには（モータ制御 2）................. 54
  - 4.3.1　ロボットを右旋回させる 54
  - 4.3.2　ロボットをその場で 90 度旋回させるには 56
  - 4.3.3　一周するには（for 文，ループブロック）.......... 57
- 4.4　効率の良いプログラムをつくるには 59
  - 4.4.1　ブロック間のデータのやりとり (EV3-SW) 59
  - 4.4.2　マイブロック (EV3-SW) 60
  - 4.4.3　関数化 (NXC) 63
  - 4.4.4　`#define` (NXC) 65
  - 4.4.5　スパイラル軌跡を描く 66

■ 演習問題 4 70

第 5 章　LEGO ロボットのセンサを利用しよう（基礎編）　71

5.1　タッチセンサによる障害物回避 71
　　5.1.1　タッチセンサの接続 71
　　5.1.2　タッチセンサによる障害物回避（if 文，スイッチブロック） 72
5.2　超音波センサによる障害物回避 77
　　5.2.1　超音波センサの接続 77
　　5.2.2　超音波センサによる障害物回避 78
5.3　ジャイロセンサによるロボットの旋回 81
■ 演習問題 5(1) 83
5.4　カラーセンサによるライントレース 84
　　5.4.1　カラーセンサの接続 85
　　5.4.2　カラーセンサによる色の認識 86
　　5.4.3　カラーセンサによるライントレース 89
　　5.4.4　ライントレースアルゴリズムの改良 92
■ 演習問題 5(2) 93

第 6 章　LEGO ロボットの高度な制御（応用編）　95

6.1　ディスプレイ表示 95
　　6.1.1　テキストの表示 95
　　6.1.2　図形の表示 98
6.2　配列を利用したロボットの教示と再生 100
6.3　シングルタスクと並列タスク 107
　　6.3.1　並列タスク 107
　　6.3.2　プログラムのコンフリクトとセマフォ 110
　　6.3.3　セマフォによるコンフリクト回避 (EV3-SW) . . 112
　　6.3.4　MUTEX によるコンフリクト回避 (NXC) 114
6.4　高度なロボット制御 117
　　6.4.1　PID 制御 118

　　　　6.4.2　PID 制御による倒立振子ロボットの制御 121
　■ 演習問題 6 124

第 7 章　ロボット大会に参加しよう（競技編）　　125

　7.1　自律型ロボット競技 WRO 125
　7.2　競技について 125
　7.3　競技ロボットを考えよう 127
　　　7.3.1　ロボットの設計 127
　　　7.3.2　プログラムの設計 129
　7.4　競技ロボットを作ろう 129
　　　7.4.1　ライントレースのプログラム 129
　　　7.4.2　オブジェクト回収プログラム 132
　　　7.4.3　プログラムの合体 135
　　　7.4.4　速いライントレースの実現 144
　7.5　競技会に参加しよう 147
　■ 演習問題 7 148

第 8 章　ロボット作り上達のために　　149

　8.1　おもしろいロボットを考えよう 149
　　　8.1.1　常識にとらわれない 149
　　　8.1.2　アイディアを組み合わせる 150
　　　8.1.3　身近な物を参考にする 150
　8.2　グループで協力して作ろう 150
　　　8.2.1　アイディアを共有する 151
　　　8.2.2　積極的に評価する 151
　　　8.2.3　作業の役割を分担する 151
　8.3　ロボット作りのサイクル 152
　■ 演習問題 8 154

第9章　コース攻略法を考えよう（モデリング入門）　155

- 9.1　モデリングとは　．．．．．．．．．．．．．．．．　155
- 9.2　初心者のためのモデリング入門 (UML-B)　．．．．．．．．．　157
- 9.3　コース攻略をモデリング　．．．．．．．．．．．．．．　159
    - 9.3.1　コースの概要とルール　．．．．．．．．．．．．．　159
    - 9.3.2　必要な機能の確認　．．．．．．．．．．．．．．　161
    - 9.3.3　機能モデルの例　．．．．．．．．．．．．．．．　161
    - 9.3.4　詳細モデルの例　．．．．．．．．．．．．．．．　165
    - 9.3.5　関連モデルの例　．．．．．．．．．．．．．．．　166
- 9.4　作成したモデルを評価しよう　．．．．．．．．．．．．．　167
- ■ 演習問題 9　．．．．．．．．．．．．．．．．．．　168
- 9.5　ディティール PAD とコーディング　．．．．．．．．．．．　169
- 9.6　モデリングのまとめ　．．．．．．．．．．．．．．．　169

第10章　リフレクションをしよう　171

- 10.1　リフレクションとは　．．．．．．．．．．．．．．．　171
- 10.2　作成中のリフレクション（作業記録の作成）　．．．．．．．．　172
- 10.3　作業記録のポイント　．．．．．．．．．．．．．．　173
- 10.4　作成後のリフレクション（プロセスチャートの作成）　．．．．．　174
- 10.5　おわりに（学習内容のリフレクション）　．．．．．．．．．　176

付録　177

- A. NXC 関数　．．．．．．．．．．．．．．．．．．　177

コラム 1	人工知能とは？	8
コラム 2	ロボットは何ができるの？	8
コラム 3	きれいなプログラム	22
コラム 4	中はどうなってるの？（センサ編）	27
コラム 5	中はどうなってるの？（EV3 本体，モータ編）	28
コラム 6	テンポ (BPM)	47
コラム 7	センサの値を簡単に調べるには？	93
コラム 8	EV3 本体の状況を知ろう	94
コラム 9	壁を使って角度修正	143
コラム 10	ピッキング能力を競うロボット大会： Amazon Robotics Challenge	148
コラム 11	ロボット作りの上級者はここが違う	152
コラム 12	UML と UML-B	159
コラム 13	インターネットを利用した作業記録	173

1 ロボット

　日本は世界でも有数の産業用ロボットメーカーが数多くあります．また，aibo などのペット型ロボットや ASIMO に代表されるヒューマノイド（人間型）ロボットの技術は世界の中でも先行しており，ロボット先進国といわれています．本章では，ロボットの定義，歴史からその種類と応用について紹介します．

> この章のポイント
> → ロボットとは
> → インビジブルロボット
> → ロボットの形態

1.1 ロボットとは

　みなさんは，「ロボット」という言葉から何を想像しますか？　最近はお掃除ロボットのように，ロボットが私たちの生活にとって身近なものとなってきましたが，単にロボットといっても様々な種類があります．そのため，ロボットの定義について明確に規定することはできませんが，日本語大辞典を引いてみると，

　　「人間に類似した形態をもち，自動的に作業を行う機械装置」[1-1]

と書いてあります．これはロボットの定義として正しいでしょうか？みなさんがこれから作成する LEGO ロボットもロボットの一つですが，ロボットは人間の形に類似したものだけでしょうか？
　ジャーナリスト東嶋和子さんは，ロボットを，

　　「感じる，判断する，動くの三つがそなわっている人工物」[1-2]

と定義しています．本書では，この定義をロボットの定義として使用します．この定義では，ロボットらしい形をしたものでなくてもロボットであると言えます．たとえば，最新のエアコンは，人の状態を見て空調を制御しています．つまり，感じて判断して動くエアコンは，ロボットエアコンと言えます．

[1-1] 出典：
小学館日本語大辞典 第二版 第十三巻，小学館

[1-2] 出典：
東嶋和子著，『ロボット教室』，光文社

このように考えると，ロボット（もしくはロボット技術）が様々な形で，私たちの生活においても，すでに役に立っていることがわかります．将来，ロボットは環境にとけ込み，一体となって人に接し，人の役に立つものになると考えられています．このような考え方を，姿形の必ずしも見えない，あるいは姿形にとらわれるべきではないという意味で，**インビジブルロボット**[1-3]といいます．インビジブルロボットは，周りの環境を含めてロボットと考えます．東嶋さんやインビジブルロボットの定義でみなさんの回りにあるロボットを探してみましょう．[1-4]

ロボットが自律的に行動するには，ロボットの回りの世界をセンサを用いて感じとり（**センシング**），その情報を基に行動を計画し（**行動プランニング**），実際にロボット自身を動かす（**制御**）の三つの過程が必要となります．人間はこのような処理／過程を自然に行い，未知な環境に対しても柔軟に対応することができます．したがって，人間のことをよく知るということは，ロボットの研究に大変重要であり，人間のようなロボットを実現することは究極の目標といえます．

1.2 ロボットの歴史

ロボットの歴史について簡単に振り返ってみましょう．

1950年代や60年代では，鉄腕アトムに代表されるような人間型ロボットが漫画や映画の中で活躍しています．1968年に公開された映画「2001年宇宙の旅」に出てくる HAL というコンピュータは，乗組員の行動をカメラを通して監視し，人工知能により自分の危険を察知します．[1-5] HAL は究極のインビジブルロボットといえるでしょう．

1950～60年代の映画や漫画の空想世界の中のみで存在していたロボットが，1970年代に入り，産業用ロボットとして，私たち人間に代わって工場で働くようになりました．これにより，工場のオートメーション化や商品の品質向上へとつながり，生産効率が飛躍的に向上しました．また，これとほぼ同時期に早稲田大学では，人間型ロボット（ヒューマノイドロボット）の研究が始まっています．1996年には，長年にわたる研究の末，ホンダが人間と同じように2本の足でバランスを取りながら歩くヒューマノイドロボット P2 を開発し，発表しました．これがきっかけとなり，現在のロボットブームが始まりました．

2002年には，家庭用掃除ロボットのルンバが発売され，ロボットの活躍する

[1-3] 出典：井上博允・金出武雄・安西祐一郎・瀬名秀明著，『ロボット学創成』，岩波書店

[1-4] 最近の自動車は，危険を察知してブレーキを踏んでくれたり，車線をはみださないようにハンドルをアシストしてくれたりします．また，高速道路では車線をキープして自動運転（レベル3：緊急時にドライバーが必要）することもできます．現代の自動車も立派なロボットといえますね．今後は運転しやすい環境が整っているという条件で自動運転（レベル4），どのような環境下でも完全自動運転（レベル5）の実現にむけて各社研究開発に取組んでいます．

[1-5] 1968年に公開された映画「2001年宇宙の旅」は，約30年後の世界を映画の中に見ることができます．映画の中で登場する HAL というコンピュータは，外観は，みなさんが想像するロボットではありませんが，「感じる」「判断する」「動く」のロボット要素を含んでおり，宇宙船全体がロボットといえます．また，映画では公開した1968年の時点で，約30年後の2001年に実現できていると予測された技術を映像化しています．映画にでてくる HAL の技術の一部はすでに現実のものとなっており，この映画の先見性は素晴らしいといえます．

場が家庭へと広がり始めました．2014年には，対話機能を持つコミュニケーションロボットが発表されています．このように，ロボットは工場で働くだけではなく，人間が生活する場に進出しており，今後は人と協調して動作するロボットの実現が期待されています．

1952年	鉄腕アトムの雑誌連載開始
1968年	映画「2001年宇宙の旅」HALの登場
1970年代	自動車業界で産業用ロボットを利用
1973年	早稲田大学で人間型ロボットWABOT-2の研究
1996年	ホンダが2足歩行人間型ロボットP2を発表
1998年	LEGO MINDSTORMS シリーズ第1世代 RIS 発売
1999年	ソニーがエンターテイメントロボットAIBOを発売
2000年	ホンダがより小型化した人間型ロボットASIMOを発表
2002年	家庭用ロボット掃除機 初代ルンバ発売
2004年	米国の無人自動車レース DARPA グランドチャレンジ開催
2004年	WRO 第1回 世界大会開催
2005年	愛・地球博にてトヨタがパートナーロボットによるロボットショーを開催
2006年	LEGO MINDSTORMS シリーズ第2世代 NXT 発売
2012年	Rethink Robotics がバクスターを発表
2013年	LEGO MINDSTORMS シリーズ第3世代 EV3 発売
2014年	ソフトバンクがPepperを発表
2014年	米アマゾンが倉庫内で「Kiva」ロボットを使用開始
2016年	ロボット電話ロボホン販売開始
2018年	人工知能を搭載したaiboが再発売

1.3 ロボットの形態とその応用

ロボットの種類は大きく分けると以下の7種類になります．それぞれのロボットについて簡単に紹介します．

- 産業用ロボット

ライン生産工場で自動車などの部品を溶接するロボット（図1.1(a)）[1-6]や，部品をピックアップして組立て作業を行うロボット（図1.1(b)）[1-7]です．産業用ロボットは，あらかじめ人間により指示された通りの作業を繰り返します．その形態は，固定された場所で作業を行うため，アーム型が

[1-6] 出典：FUNUC HP より
[1-7] 出典：三菱電機株式会社 HP より

多く用いられています．最近では，工場全体をロボット化して自動化（ファクトリーオートメーション）することで生産効率を上げています．図 1.1(c) のバクスターは，ロボットアームを 2 つ持つ双腕ロボットです．[1-8] バクスターは，両腕を使って細かな組立て作業（セル生産）[1-9] を行います．このロボットは，プログラミングではなくバクスターのアームを人が動かして動作を教える（ティーチング）こともできます．

[1-8] 出典：
rethink robotics HP より

[1-9] セル生産
ライン生産よりも多くの作業工程を担当する生産方法

(a) 溶接ロボット　　(b) 部品ピックアップロボット　　(c) 双腕ロボット

図 1.1　産業用ロボット

● 極限作業ロボット[1-10) 1-11)]

宇宙，海洋，災害現場や地雷撤去など危険で過酷な環境下で，人間に代わって作業を行うロボットです．図 1.2(a) は米国の CMU (Carnegie Mellon University) で作られた自律型の探索ロボット NOMAD です．2000 年に NOMAD は南極に落ちている隕石の探索作業を行いました．NOMAD は搭載したカメラを使って南極に存在する岩肌を見つけ，アームに取り付けられたカメラから岩か隕石であるかを判断し，GPS [1-12] から得た隕石の位置情報と映像を転送することができます．NOMAD や図 1.2(b) の地雷撤去ロボットなどの極限作業用ロボットの駆動部は，四輪型のものが多くあります．そのほか，災害時にガレキの下を探索するロボットには，どんなところでも移動できるようにヘビの形をしたものがあります．

[1-10] 出典：
The Robotics Institute, Carnegie Mellon University

[1-11] 出典：
東京工業大学
広瀬・福島研究室

[1-12] GPS
Global Positioning System の略で，現在位置を調べるためのシステムです．地球の周りを取り囲む静止衛星からの情報を基に現在位置を割り出します．元は軍事用でしたが，現在では，自動車のカーナビゲーションシステム，携帯電話，ビデオカメラなどに内蔵されています．

(a) 隕石探査ロボット (NOMAD)　　(b) 地雷撤去ロボット

図 1.2　極限作業ロボット

- ペット型ロボット[1-13) 1-14)]

　エンターテイメント（娯楽）を対象とした家庭用ロボットです．図 1.3(a) の aibo [1-15)] に代表されるように，その活躍の場は家庭を対象としています．このようなペット型ロボットは，人間のパートナーとしての役割を果たします．ペット型ロボットとのコミュニケーション（撫でる，話しかけるなど）を通じて，人間に楽しみや安らぎをもたらす癒し効果を用いたセラピーとして，病院や老人ホームなどで使用されています．

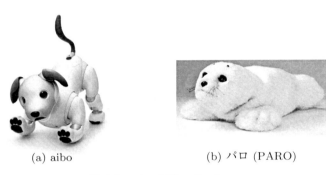

(a) aibo　　　　　　　(b) パロ (PARO)

図 1.3　ペット型ロボット

- ヒューマノイド ロボット[1-16)]

　人間の形をしたロボットです．ヒューマノイドロボットは人間との協調作業を目的としており，その活躍の場は介護や重労働を想定しています．ロボットが人間社会の中で人と共に動くためには，私たち人間からみたロボットの印象（外観）が非常に重要です．図 1.4 のようなヒューマノイドロボットは人間と同じような形態をしているということで，ロボットに親近感を感じる人もいます（ただし，この親近感はお国柄によります）．

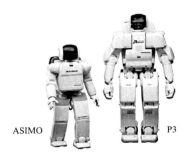

ASIMO　　　P3

図 1.4　ヒューマノイドロボット（ASIMO と P3）

1-13) 出典：
ソニー株式会社 HP より

1-14) 出典：
株式会社 知能システム HP より

1-15)　aibo は，ピンク色のボールを追いかけたり，頭をなでると喜んだり，声に反応したりと，人とコミュニケーションすることができるロボットです．aibo は人に何をしてくれるのでしょうか？産業用ロボットのように明確な目的がありません．また，もし aibo が障害物につまずき倒れてしまったら人は何と思うでしょうか？極限作業用ロボットが人に向かって倒れてくるようなことがあれば，危険を感じますが，aibo が人に向かって倒れても，かわいいと思い，危険を感じることはありません．このように aibo は，高性能，高機能が求められるロボットの中で愛情の対象となるような不思議なロボットなのです．1999 年 6 月に販売が始まり，2006 年 3 月に一度販売が終了しましたが，2018 年 1 月に ERS-1000 として販売が再開しました．

1-16) 出典：
本田技研工業株式会社 HP より

1-17) ロボットビジョンとは，画像情報からロボットの周りの物体，人，環境などの外界の状況を理解することです．画像から外界の情報を認識する視覚能力は，人間の大脳の最も大きな部分を視覚野が占めることから重要な能力の一つであり，人のような視覚能力の実現が期待されています．

1-18) ソフトバンク HP より

1-19) 出典：SHARP HP より

現状は，人と同じようにバランスをとりながら歩いたり，階段を登るなどの制御を実現することができていますが，センシング能力，特に視覚機能（ロボットビジョン）1-17) がまだまだ人間と比べると劣るため，役に立つロボットとしては，まだ実用化はされていません．今後，最も期待されているロボットの種類の一つです．

● コミュニケーションロボット 1-18) 1-19)

人間とのコミュニケーションを目的としたロボットです．図 1.5(a) の人型ロボット「Pepper」は，店頭での接客を人の代わりに担当してくれます．話しかけると音声認識し，会話することができます．また，人の表情と声のトーンを分析し，人の感情を推定して，円滑な会話コミュニケーションを実現します．図 1.5(b) のロボホンは，小型プロジェクターやスマートフォンの機能があります．Amazon Echo や Google Home などのスマートスピーカーも形はスピーカーですが，これらもコミュニケーションロボットといえるでしょう．

© SoftBank Robotics Corp.　　　　　　　　© SHARP CORPORATION
(a) Pepper　　　　　　　　(b) ロボホン

図 1.5　コミュニケーションロボット

1-20) 出典：トヨタ自動車 HP より

● 生活支援ロボット 1-20)

高齢者や病気や怪我で介護が必要な人の生活支援を目的としたロボットです．図 1.6 のトヨタ自動車が開発している HSR(Human Support Robot) は，ベッドから出ることができない要介護者が，タブレットから必要なものを指定すると，HSR が自律移動して対象物を運んできてくれます．高齢化社会に向けて，このような生活支援ロボットの実現が強く期待されています． 1-21)

図 1.6 生活支援ロボット

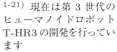

1-21) 現在は第3世代のヒューマノイドロボット T-HR3 の開発を行っています

出典：
トヨタ自動車 HP より

- 教育用ロボット[1-22]

本書で使用するデンマーク LEGO 社の LEGO Mindstorms（図 1.7(a)）や迷路を学習して攻略するマイクロマウス（図 1.7(b)）など，ロボットを組立てながらその仕組みやプログラムなどを勉強するためのロボットです．小，中学校から大学生，社会人まで幅広く利用されています．LEGO ロボットを用いた競技大会として WRO やロボカップなど[1-23]があり，世界中の多くの人が参加しています．このような競技会に参加することは，技術の向上だけではなく，ロボットを通じて世界の国の人とコミュニケーションすることも大きな目的の一つです．

1-22) 出典：
株式会社 アールティ HP より

1-23) LEGO ロボットを使用した競技大会には **WRO**（小・中・高校生），ロボカップジュニア（小・中学生），**ET ロボコン**（大学生，社会人）などがあります．

(a) LEGO Mindstorms EV3　　(b) マイクロマウス

図 1.7 教育用ロボット

■■ **演習問題** ■■

1-1. 身近なロボットを探してみましょう．
1-2. どんなロボットがあると，世の中の役に立つか考えてみましょう．
1-3. 最先端のロボットは，どこまで人間に近づいているか調べてみましょう．

コラム 1：人工知能とは？

2018 年の現在は，第三次 AI（人工知能）ブームと呼ばれています．プログラムで動くロボットは人工知能搭載と言えるのでしょうか？人工知能に人の仕事が奪われると危惧されたりもしています．人工知能という言葉が一人歩き，なんでも人工知能ができるように誤解されているところもあります．
では，人工知能とは何を指すのでしょうか？人工知能のは以下の二つに分けれることができます．

・汎用人工知能
　「強い」人工知能とも呼ばれ，自意識・創造性などあらゆる面で人間と同等以上の知性を示す，いわゆる「人工知能」

・特化型人工知能
　ある特定のタスクで知性を示すソフトウェア，あるいはそれを組み込んだ自動機械

現在の AI ブームを牽引しているは特化型人工知能であり，これは機械学習（深層学習）による教師あり学習により実現されています．1000 種類の画像認識，音声認識，自動翻訳，ゲーム（囲碁）などの特定の分野で，人間並みの性能を発揮することができるようになりました．ロボットの知能化には人工知能は必須ですが，汎用人工知能が実現されるのはまだまだ先になりそうです．

コラム 2：ロボットは何ができるの？

ヒューマノイドロボットが階段を昇降するデモでは，ロボットがその場で階段の段差などを計算して歩いているようにみえますが，実はあらかじめプログラムされている場合が多くあります．我々がこのような映像を見ると，ヒューマノイドロボットはすでに鉄腕アトムのように自律して，何でもできるという誤解を招く原因にもなります．

ロボットのできること，できないことを正確に知ってもらうことは，今後のロボット技術の進展に重要なことです．筆者らが開発したサッカーロボットは，ロボットが考えた進行方向や動作を矢印や「シュート」，「パス」などの文字を用いて，実際のフィールド上に表示する機能を持っています．これにより，ロボットがいつ何を考えて動いているかをリアルタイムに知ることができます．このロボットシステムは現在，北海道旭川市科学館・サイパルで常設展示してありますので，ぜひ足を運んでみてください．

将来，家庭内で働くヒューマノイドロボットが何を考えて行動しているかを，一緒に生活している人間が容易に理解できるようになることは，人間とロボットのより良い協調社会の実現に必要なことといえるでしょう．

"パスするよ!" と意思表示

旭川市科学館ロボットサッカー

2 プログラミングとは

1章で紹介したロボットは，あらかじめ人間が用意したプログラムに基づいて動作します．ではプログラムとは何でしょうか？ 本章では，プログラムとアルゴリズムについて説明します．

> この章のポイント
> → プログラムとアルゴリズム
> → **PAD**
> → **C** 言語の文法

2.1 プログラムとアルゴリズム

そもそもプログラムという言葉はどういう意味でしょうか？プログラムの語源はラテン語で「pro-gram：前もって書いたもの」という意味を持っています．また，辞書を調べてみると「計画」，「予定」，「番組」，「カリキュラム」とあります．では，ロボット（コンピュータ）で使用されるプログラムとはどんなものでしょうか？

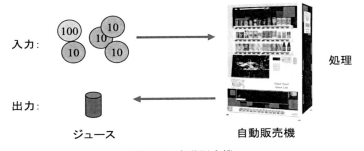

図 2.1　自動販売機

ここでは，図 2.1 の自動販売機の例において，プログラムとアルゴリズムが何かを考えてみましょう．プログラムがなければ自動販売機はただの大きな箱です．まず，みなさんが自動販売機にやってもらいたい事（目的）を考えましょう．自動販売機の目的は，もちろんジュースの販売です．では，こ

の目的を達成するための手順を考えます．手順は，次のようになります．

(1) お金の入力を待つ
(2) お金が 120 円以上かチェックする
(3) 120 円以上であればジュースを出力
(4) おつりをだす

この手順のことを，**アルゴリズム**といいます．人間の言葉で書かれたアルゴリズムを，コンピュータが理解できる言葉，形式に書き換えます．これが**プログラム**です．アルゴリズムを考え，それをプログラムに書き換える行為を**プログラミング**といいます．

プログラミング初心者は，プログラムの変更とアルゴリズムの変更を同時に頭の中で考えてしまい，結局最初に考えたアルゴリズムと異なったプログラムができてしまうことがあります．これは，決して効率のよい開発手順とはいえません．

まずは，目的を達成するためにはどのような手順，アルゴリズムとするのかを決定しましょう．アルゴリズムを考えるときは，コンピュータを必ずしも必要としません．最初は，紙やノートの上で考えるとよいでしょう．[2-1] アルゴリズムを決定した後，アルゴリズムをプログラムに翻訳するという流れで取り組みましょう．効率良く，効果的にアルゴリズムを検討するにはどうすればよいかは，8 章と 9 章を参考にしてください．

[2-1] PAD（2.2 参照）を書いてからプログラムを作るという作業を何度も繰り返しているうちに，頭の中に自然と PAD が思い浮かぶようになります．そうなると，PAD を紙に書き出す必要はありません．

2.2 プログラムの設計図

ロボットプログラミングにおいて，まず最初にロボットをどのように制御するのか，アルゴリズムを決定しておく必要があります．その際には，**PAD**（Problem Analysis Diagram：問題分析図）[2-2] や**フローチャート**を用いてアルゴリズムを図示して検討しましょう．頭の中で考えたアイディアを PAD やフローチャートを用いて図示化していくことで，実現すべきアルゴリズムが明確になります．また，チームでプログラムを開発する際には，自分のアイディアを説明する必要があります．その際に，アイディアを PAD やフローチャートにしてチームのメンバーに見せることで，アルゴリズムを容易に理解してもらうことができ，よりよいアルゴリズムをチームで検討することができます．

[2-2] PAD は，1980 年に日立製作所の二村良彦氏らが開発したものです．フローチャートに比べてプログラム構造を明確に表現することができます．日本工業規格（JIS）や国際標準化機構（ISO）としても使用されています．

本章の最初に例とした「自動販売機」をPADとフローチャートで図示すると，図2.2のようになります．

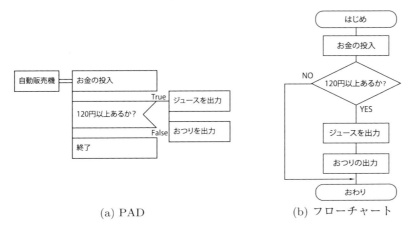

(a) PAD　　　　　　　(b) フローチャート

図 2.2　PADとフローチャート

2.2.1　PAD

　PADはプログラムの「設計図」になります．PADは，処理，条件分岐，反復などのアルゴリズム構造を明確に表すことができます[2-3]．図2.3の3つの記号（処理，選択，反復）を用いてアルゴリズムの順序を上から下へ，反復や選択処理を左から右へと描きます．そのため，処理の流れとプログラムの深さ（ネストの深さ）[2-4]が一目瞭然であり，アルゴリズム構造を明確にすることができます．本書では，プログラムの流れをこのPADを用いて説明していきます．

処理：□　　選択：◁　　反復：▯

図 2.3　PADの構成部品

・PADの処理の進み方

　アルゴリズムをPADで表現するには，選択構造や反復構造などの処理を組合せる必要があります．あるアルゴリズムを図2.4〜図2.6のPADで表したとき，その処理の流れは，選択構造①と②の判定結果によって次の(a)(b)(c)の3通りになります．

[2-3] 選択や反復のPADの書き方は16ページと18ページにあります．

[2-4] ネスト
　繰り返しの中にさらに繰り返しがあるように入れ子構造になっている状態をネスト，ネスティングと言います．
　マトリョーシカ人形も入れ子構造ですね．

(a) ①と②の選択が共に「真」(True) である場合，処理の流れは①→②→③→⑤→⑦となります（図 2.4）．

(b) ①の選択が「真」(True)，②の選択が「偽」(False) の場合，①→②→④→⑤→⑦となります（図 2.5）．

(c) ①の選択が「偽」(False) のとき，処理の流れは①→⑥→⑦ となります（図 2.6）．

このようにアルゴリズムを PAD を用いて図示化すると，ある条件によってどのようにロボットを動かすか，そのアルゴリズムの理解が容易になります．

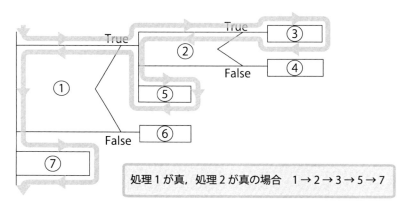

図 2.4 PAD の実行順序 (a)

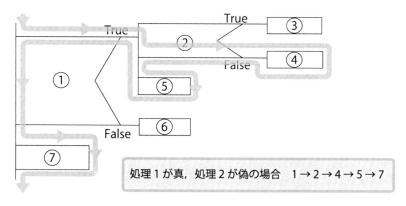

図 2.5 PAD の実行順序 (b)

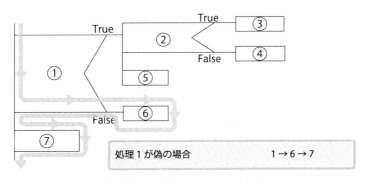

図 2.6 PAD の実行順序 (c)

2.2.2 フローチャート

フローチャート（流れ図）は，PAD と同様にプログラムの流れを図に表記したものです．フローチャートでは，処理の順序に従って書き，上から下へと処理が行われます．処理が逆向き（下から上へ）行われる場合や，途中から処理がジャンプする場合は，矢印で処理の順序や方向を示します．

2.2.1 の PAD をフローチャートで表すと図 2.7 のようになります．

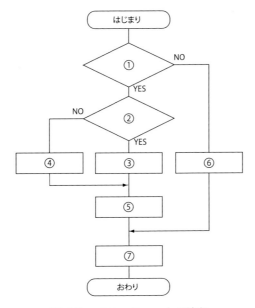

図 2.7 フローチャートの流れ

フローチャートは，条件判定による分岐やループが増えると図が複雑にな

ることがあります．また，組合せの自由度が高いため，同じアルゴリズムでも人によって異なるフローチャートとなることがあります．そのため，多くの人が共同で一つのアルゴリズムを考える場合には，あまり向いているとはいえません．

2.3　コンピュータが理解できる言語

みなさんが日本語で会話するように，コンピュータが理解する言語があります．種類は色々ありますが，次章のロボットプログラミングでは**C言語**[2-5]という言語を使用して，ロボットを動かすためのプログラムを作成します．ここでは，例として，C言語で3足す5を計算する足し算プログラムを考えてみましょう．

[2-5] C言語は，1972年に作られた言語で，パソコンなどのOS（オペレーティングシステム）もC言語で開発されています．C言語を基本としたC++，C#なども存在します．

① 3と5を準備

② 和を計算して記憶

③ 記憶した値を表示

(a) プログラムの流れ

足し算 — 3と5を準備 ①
　　　　和を計算して記憶 ②
　　　　記憶した値を表示 ③

(b) PAD

これをC言語で書くと以下のようになります．

```
main(){
    int a=3,b=5,c;
    c = a+b;
    printf("%d",c);
}
```

プログラムには，必ずメイン関数(main())が存在します．この中にプログラムを記述します．プログラムの中のa,b,cを**変数**と呼びます．変数は箱をイメージして下さい．箱（変数）の中に整数などの数字を入れておくことができます．足し算をするプログラムの処理イメージは，図2.8のようになります．

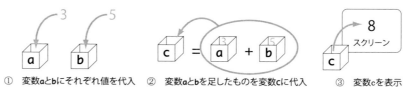

① 変数aとbにそれぞれ値を代入　② 変数aとbを足したものを変数cに代入　③ 変数cを表示

図2.8　変数を用いた足し算

① 変数 a と b にそれぞれ 3 と 5 を代入します．
② 変数 a と b の中の値の和を変数 c に代入します．
③ 変数 c の中の値を表示します．

C 言語における "=" は，代入演算子と呼ばれ，数学のイコールとは異なり，変数に値を代入するという処理を意味します．また，C 言語のプログラムは，基本的に上から下へ順にその命令に基づいて処理を行います．

2.4 C 言語の文法

C 言語を用いてプログラミングするには，その文法や意味を知る必要があります．ここでは，C 言語でプログラミングを行う際に知っておかなければならない基本文法について説明します．

2.4.1 変数のデータ型

変数をプログラムで使用する場合，最初に変数の中に代入する値の種類を宣言しておく必要があります．これを**変数の型宣言**といいます．変数には，その用途によって様々な型が存在します．その代表例を表 2.1 に示します．

表 2.1 基本的なデータ型

型宣言	種類	サイズ	値の例
int	整数型 (integral type)	2byte	$-32,767 \sim 32,767$ の整数
long	整数型 (integral type)	4byte	$-2,147,483,647 \sim 2,147,483,647$ の整数
float	実数型 (floating point type)	4byte	$-1.2, 3.28$ など $10^{-38} \sim 10^{38}$ 桁の実数
double	倍精度実数型 (double precision floating point type)	8byte	$-1.2, 3.28$ など $10^{-308} \sim 10^{308}$ 桁の実数
char	文字型 (character type)	1byte	'A', 'b', '3' など

整数を代入する場合は int 型，文字を代入する場合は char 型など，用途によって変数の型宣言を行います．実数を代入する場合は，float（**単精度実数型**）もしくは，double（**倍精度実数型**）を用います．この 2 つの違いは，扱う数値の範囲が異なります．単精度実数型では 32bit (4byte) が割り当てられます．より多くの桁数を必要とする精密な計算を行う場合は，double 型を用いると 64bit (8byte) が割り当てられるため，桁落ち[2-6] などの計算誤差を低減することができます．

2.4.2 演算子

C 言語には，さまざまな演算子が用意されています．[2-7] ここでは，算術演算子，関係演算子と論理演算子について説明します．

2-6) 桁落ち
0 に近い値の計算を行った時に有効数字の桁数が減ってしまう現象を桁落ちといいます．とても厳密なプログラムの場合，桁落ちが大きな問題となることもあります．

2-7) C 言語には他に下記の種類の演算子があります．詳細については，C 言語の本を参考にして下さい．
・sizeof 演算子
・キャスト演算子
・アドレス演算子
・ポインタ演算子
・3 項演算子
・ビット演算子
・シフト演算子

・**算術演算子**

通常の演算である和 (+)，差 (−)，積 (∗)，商 (/)，剰余 (%) の他に**インクリメント演算子**と**デクリメント演算子**があります．インクリメント演算子は，i++と記述すると i=i+1 と同様となり，整数型の変数 i の値を 1 だけ増加します．for 文の制御変数の更新などに使用します．一方，デクリメント演算子は，i--と記述すると i=i-1 と同様となり，1 だけ減少します．

・**関係演算子と論理演算子**

表 2.2 に示す関係演算子は 2 項の関係を評価し，成り立つと真 (True)，成り立たないと偽 (False) を出力します．表 2.3 に示す論理演算子は，AND（論理積），OR（論理和），NOT（否定）の論理演算を行います．関係演算子と論理演算子は，if 文，for 文，while 文などの条件式として使用されます．

表 2.2　関係演算子

演算子	使用例	内容
<	$a < b$	a は b より小さい
<=	$a <= b$	a は b 以下
>	$a > b$	a は b より大きい
>=	$a >= b$	a は b 以上
==	$a == b$	a は b と等しい
!=	$a != b$	a は b と異なる

表 2.3　論理演算子

演算子	使用例	内容
&&	$a\&\&b$	a かつ b(AND)
||	$a\|\|b$	a または b(OR)
!	$!b$	否定 (NOT)

2.4.3　選択構造（if 文，switch 文）

ロボットを

　　　信号が青ならば，前進

　　　青でないならば，停止

といったように，ある条件を満たす場合と満たさない場合に，それぞれ異なる処理を実行する手順のことを「**選択構造**」または「**条件分岐**」と呼びます．

上記の処理の流れを PAD で表すと図 2.9(a) のようになり，C 言語のプログラムで記述すると (b) のようになります．プログラムでは，if 文の ( ) 内の条件により処理を分岐します．「信号が青」と言う条件を満たしていれば，「真」(True) となり，ロボットは前進を実行します．一方，条件が満たさない場合は「偽」(False) となり，else で指定した停止という処理に進みます．

if 文は，LEGO ロボットにおいて，タッチセンサやライトセンサの値によりロボットの動きを変えるときなどに用います．[2-8]

[2-8] if 文を用いたロボットプログラムは，77 ページの「超音波センサによる障害物回避」で学びます．

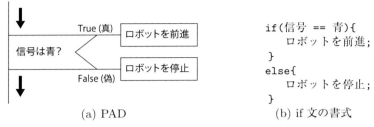

(a) PAD　　　　　　　　　(b) if 文の書式

図 2.9　選択構造 (if)

複数の選択肢から条件分岐する場合は switch 文を使います．switch 文の PAD は，図 2.10(a) のようになり，C 言語のプログラムは (b) のようになります．プログラムでは，整数型の変数 i の値に対応した動作を 1 回実行します．たとえば，変数 i が 3 の場合は，動作 C を 1 回実行します．もし，case で指定する定数と変数 i の値が一致しない場合は，default で指定した動作 D を実行します．

switch 文は，LEGO ロボットにおいて，複数のタッチセンサを組合せたときの判定や，複数の動作の中から状況に応じた動作を選択するときに用います．2-9)

2-9) switch 文を用いたロボットプログラムは，100 ページの「配列を利用したロボットの教示と再生」と 135 ページの「プログラムの合体」で学びます．

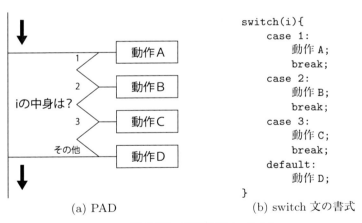

(a) PAD　　　　　　　　(b) switch 文の書式

図 2.10　選択構造 (switch)

2.4.4 反復構造（for 文，while 文，do-while 文）

ロボットに
　　同じ動作を何回か繰り返す
または
　　信号が赤の間，ロボットを停止
　　赤でなくなったら，ロボット前進

というように，決まった動作を一定の回数繰り返す手順を「**反復構造**」または「**ループ**」といいます．決まった数を繰り返す場合は，for 文を用います．for 文は，( ) の中の論理式が真の間，繰り返します．for 文の処理を PAD にすると，図 2.11(a) のようになり，プログラムで記述すると (b) のようになります．

(a) PAD　　　　　　　　　　　(b) for 文の書式

図 2.11　反復構造 (for)

for 文の () 内の変数 i を制御変数といい，まず最初に i=0 の初期化を 1 回のみ実行します．次に，繰返し条件である i<4 を評価して，成り立つと真となり，ロボット停止と for 文の後処理である i++（インクリメント）を実行します．この繰返し処理は，変数 i が 4 になると条件を満たさなくなり終了します．この場合は，変数 i が 0, 1, 2, 3 と 4 回繰り返すことになります．

条件を満たしている間，処理を繰り返す場合は while 文を用います．while 文の PAD は図 2.12(a) のようになり，プログラムは (b) のようになります．信号が赤の間，ロボット停止を繰り返します．while 文は，＜判定＞ → ＜実行＞ の順（前判定）で動作します．逆の ＜実行＞ → ＜判定＞ のように逆順で動作する後判定は，do-while 文を用います．do-while 文の PAD は図 2.13 のようになり，後処理であることがわかるように「￣□_」と図示します．

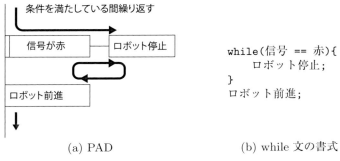

(a) PAD　　　　　　　　(b) while 文の書式

図 2.12　反復構造 (while)

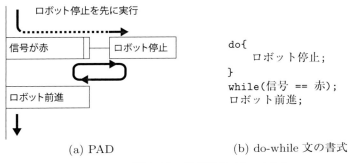

(a) PAD　　　　　　　　(b) do-while 文の書式

図 2.13　反復構造 (do-while)

for 文や while 文による反復処理は，LEGO ロボットに何度も同じ動作をさせたいときに用います．[2-10]

2.4.5　配列

1つの変数には1つの値しか代入することができません．複数の値をまとめて扱うときに用いるのが**配列**です．`int a[10]` と配列を宣言すると，図 2.14 のように異なった 10 個の値をまとめて配列 a[n]（n=0,1,2,...9）として扱うことができます．

[2-10] for 文や while 文を用いたロボットプログラムは，54 ページの「ロボットを旋回させるには」で学びます．

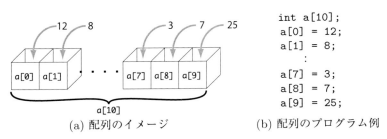

(a) 配列のイメージ　　　(b) 配列のプログラム例

図 2.14　配列

LEGO ロボットプログラミングでは，配列を決まった動作を複数記録するときや複数のセンサ値を格納する際に用います．2-11)

2.4.6 関数

頻繁に使用する動作を関数2-12)にしておくと便利です．ロボットプログラミングでは，「右旋回」，「左旋回」などあらかじめ決まった動作を関数化しておき，何度も同じ動作を実行する際に利用します．また，図 2.15(a) のように，ある関数（旋回）と，ある関数（停止）を合体して作成した動作を新しい関数（動作 A）とすることができます．このように関数化することで，メインプログラムをすっきりさせることができ，プログラムの流れを明確にすることができます．

2-11) 配列を用いたロボットプログラムは，100 ページの「配列を利用したロボットの教示と再生」で学びます．

2-12) 関数は，プログラムの中で，いくつかの計算や動作がまとまって 1 つの意味をもったものです．関数化のロボットプログラムは，63 ページで学びます．

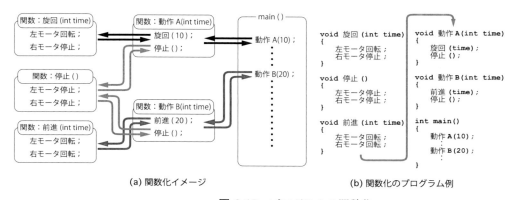

(a) 関数化イメージ　　　　　　　　(b) 関数化のプログラム例

図 2.15　プログラムの関数化

また，それぞれの関数に**引数**として値を引き渡すことができます．また，関数で計算した結果を戻す場合は，**戻り値**を設定します．図 2.15(b) は，図 2.15(a) の関数のプログラム例です．関数を作成する際には，処理内容を定義します．関数内で計算した値は，関数の出力（戻り値）2-13)として利用することもできます．図 2.15(b) のような出力のない関数は，関数型を void 型と宣言します．関数を使用する際には，その関数を使うより先に定義しておく必要があります．したがって，関数 main() の位置は一番後ろになります．関数を定義するより先に使用したいときは，プロトタイプ宣言2-14)を行う必要があります．

2-13) 戻り値については，64 ページを参考にしてください．

2-14) プロトタイプ宣言：関数型 関数名（引数）；と宣言します．プロトタイプ宣言は，プログラムの初めに記述します．

2.4.7 #define 文

あらかじめ決まっている数値や何度も調整が必要な値に対して，プログラムの文頭に#define で定義することで，数値に名前を付けることができます．

数値を文字列に置き換えることで，プログラムの可読性が向上し，複数の値を調整する際にミスを減らすことができます．下記の例では，ライトセンサの値が 50 未満のときロボットは停止します．

```
#define TH_LIGHT 50
    :
if(ライトセンサの値 < TH_LIGHT){
    ロボット停止;
}
```

LEGO ロボットプログラミングでは，`#define` をタッチセンサやライトセンサの値などロボットの動きを調整する数値を文字列として定義して使用します．2-15)

2.4.8 外部変数とスコープ

変数は，その変数を宣言した関数内のみ有効です．関数内で宣言された変数をローカル変数といいます．すべての関数で同一の変数を使用するには，`main` 関数の外で型宣言をします．これを**外部変数**（グローバル変数）2-16) といい，変数の有効範囲を**スコープ**といいます．

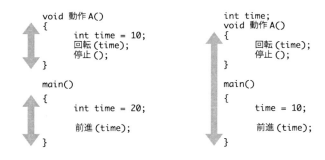

(a) ローカル変数の有効範囲　　(b) グローバル変数の有効範囲

図 2.16 ローカル変数とグローバル変数のスコープ

ローカル変数とグローバル変数のスコープを図 2.16 に示します．ローカル変数は，宣言した関数内のみ有効なので，(a) のように関数 "動作 A()" と関数 main() 内において，それぞれ同じ変数名で宣言しても，別のものとなります．一方，グローバル変数は，(b) のように関数の外で宣言するので，どの関数からでも使用することができます．

2-15) `#define` を用いたロボットプログラムは，65 ページの「#define (NXC)」で学びます．

2-16) 外部変数を用いたロボットプログラムは，100 ページの「配列を利用したロボットの教示と再生」で学びます．

■■ 演習問題 ■■

2-1. 次の動作を実現するロボットのアルゴリズムを PAD にしてみましょう．
　(a) 信号が青かつ，歩行者がいないときに前進するロボット．
　(b) 4 回釘を叩いた後，まだ釘が出ているかを調べて，出ていたら，さらに 4 回釘を叩くロボット．

2-2. PAD とフローチャートのメリットとデメリットを考えてみましょう．

コラム 3：きれいなプログラム

　自分が書いたプログラムはちゃんと覚えている？いえいえ，実は自分で書いたとしても一ヶ月もしたら，その詳しい内容を忘れてしまうのが現実です．
カーニハンとプローガーの『プログラム書法』という本には，

—以下引用—
たいていの専門プログラムは，ずいぶんたくさんの時間を他人のプログラムを変更することに費やしているものである．きれいなプログラムは保守しやすいものだ．
理解しがたいプログラムを書くことについて，プログラム書きは個人的なことだから，という言い訳がよく行われる．どうせこのプログラムを見るのは原作者だけさ，頭の中にすっかり入っていることを全部書き出す必要なんか，ないじゃないか，というのだ．
…
だが，自分一人でわかればよいつもりでも，一年後に読んでわかるようにしたいと思ったら，やはりちゃんとした文章を書かなければならない．
…
来年の自分は「誰か他の人」だからだ．
Brian W.Kernighan（著）・P.J.Plauger（著）・木村 泉（翻訳），『プログラム書法』，共立出版
—

と書かれています．
　きれいなプログラムを書くことは，一番身近な，「誰か他の人」つまり一年後の自分にとっても重要なことです．また，きれいなプログラムは可読性が高いので，他の人がそのプログラムを利用しやすくなります．
　UNIX などでよく用いられるオープンソースプロジェクトでは，ソフトウェアの著作者の権利を守りながらソースコードを公開し，その派生物を作成することができます．このプロジェクトは，誰もがプログラム開発に参加でき，貢献することで品質の高いソフトウエアを開発する手段として注目されています．また，最近では，GitHub という誰でもプログラムを管理して公開することができるサイトもあります．EV3 本体のソースコードも，GitHub にて公開されています．どのように EV3 が開発されているのか興味のある方は，以下の GitHub のページをのぞいてみましょう．

Mindboards(GitHub)　　https://github.com/mindboards/

3 LEGO ロボットをプログラムしよう

本章では，LEGO ロボットのパーツについて学び，その後プログラムを作るための準備にとりかかります．ロボットを動かすためには，作成したプログラムを LEGO ロボットが理解できるように変換する作業（コンパイル）とプログラムをロボットに転送する必要があります．

> **この章のポイント**
> → プログラムの作成
> → コンパイル
> → プログラムの転送と実行

3.1 LEGO Mindstorms について

LEGO Mindstorms（図 3.1）は，子供用ブロック玩具で有名な LEGO 社が発売している組み立て・プログラミング可能なロボットブロックです．MIT(Masachusetts Institute of Technology) の Media Lab [3-1] で教育用玩具として開発され，1998 年の 9 月に Mindstorms RIS (Robotics Invention System) [3-2] が発売されました．その後，改良された NXT [3-3] が 2006 年 8 月に発売されました．その 7 年後の 2013 年に，本書が扱う最新版の EV3 [3-4] が発売されました．

RIS

NXT

EV3

図 3.1 LEGO Mindstorms

RIS，NXT と最新の EV3 の違いは，表 3.1 のようになります．EV3 では，

[3-1] MIT Media Lab には様々な研究グループがあり，Mindstorms は Lifelong Kindergarten グループの Mitchel Resnick 教授により開発されました．

[3-2] RIS セットには，RCX というプログラミングブロックが付属していました．これには H8 というマイクロプロセッサが内蔵されています．H8 は日立製作所が開発したプロセッサで，一般的な家電（電子レンジ，エアコンなど）に用いられています．

[3-3] NXT にはイギリスの ARM 社が開発した ARM7 が内蔵されています．ARM は携帯電話などの組み込みマイクロプロセッサとして用いられています．

[3-4] EV3 には NXT にも搭載されていた ARM7 の上位機種である ARM9 が内蔵されています．処理速度が大幅に上がったため，OS を搭載することが可能となりました．性能比較は表 3.1 を参照.

3-5) OS(Operating System)
ファイル操作やデバイス制御などコンピュータの基本動作を担うシステムプログラムで Windows や MacOS, Linux, Android などがあります．EV3 は Linux ベースの OS が搭載されています．

ロボットの頭脳となる CPU や動作クロックの性能が NXT よりも向上し，新たにオペレーティングシステム (OS)[3-5] が搭載されました．これにより，高度なロボットプログラミングができるようになっています．対象年齢は 10 才以上ですが，大人も十分に楽しむことができます．

表 3.1 LEGO Mindstorms について

	Mindstorms RIS	Mindstorms NXT	Mindstorms EV3
発売	1998 年～2006 年	2006 年～2013 年	2013 年～
CPU	8bit マイコン (H8)	32bit マイコン (ARM7)	32bit マイコン (ARM9)
動作クロック	16MHz	48MHz	300MHz
RAM	32KB	64KB	64MB
フラッシュメモリ	なし	256KB	16MB
転送方法	赤外線通信 (IR)	USB，Bluetooth	USB，Bluetooth，LAN
ポート	入力:3 出力:3	入力:4 出力:3	入力:4 出力:4
駆動	電池	電池，バッテリーパック	電池，バッテリーパック

3-6) ARM プロセッサ
ARM プロセッサは，ARM 社の ARM アーキテクチャが組み込まれたプロセッサの総称で，ARM9 は低消費電力が大きな特徴となっています．ARM シリーズは，最新のスマートフォンやゲーム機，カーナビゲーションシステムなどにも搭載しています．現在 ARM 社は，softbank グループとなっています．

3-7) プロセッサの動作する速度をクロックといい，単位は「Hz」(ヘルツ) で表します．これは，1 秒間にどれだけ計算できるかを示しています．一般的な PC(2GHz) と比較すると
NXT:　 48,000,000Hz
EV3:　300,000,000Hz
PC：2,000,000,000Hz
と PC がたいへん優れていることがわかります．

　LEGO ロボットの頭脳となる EV3 は，32 ビット・マイクロプロセッサ ARM9 (300MHz)[3-6][3-7] を搭載しています．EV3 には，入力ポートが 4 個，出力ポートが 4 個，LCD ディスプレイ，USB ポート，Bluetooth による無線通信が内蔵されています．また，側面には USB ポートが 1 つと SD カードスロットが装備されており，USB タイプの無線 LAN ドングルや有線 LAN アダプタが使用できます．SD カードスロットに microSD（最大 32GB）を差し込むことにより，メモリ領域を拡張して使用することも可能です．[3-8]

　EV3 本体に接続可能なパーツには，図 3.2 のように，L モータ 2 個，M モータ 1 個，タッチセンサ，カラーセンサ，ジャイロセンサ，超音波センサがあります．これらは，ワイヤーコネクタを EV3 本体につないで使用します．センサの機能や仕組みを知ることは，ロボットプログラミングにおいてとても重要です．次に EV3 で使用するモータや，各センサについて紹介します．さまざまな状況においてどんなセンサを用いたら何ができるか，いろいろ考えてみましょう．

3.1 LEGO Mindstorms について 25

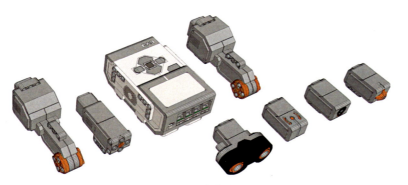

3-8) メモリの拡張領域として使用する以外にも，microSD 内に独自の OS をインストールしておき，そこからブートすることも可能となっています．

図 **3.2** EV3 本体とセンサ

LEGO EV3 パーツ紹介

■ **EV3 本体**

EV3 本体は，センサの値を読み取って判断したり，モータを制御するロボットの脳の役割をします．EV3 本体に内蔵された液晶画面により，接続したセンサの読み取り値を確認したり，EV3 本体にあるボタンを利用して，簡単なプログラムを作成することもできます．

■ **L モータ**

L モータは，DC モータと複数のギア，ロータリーエンコーダが内蔵されています．ロータリーエンコーダは，正確にモータの回転数を測ることができるため，モータを時間だけでなく，角度を指定して制御することができます．

■ **M モータ**

M モータは，EV3 から新しく追加されたモータです．L モータと同じように DC モータと複数のギア，ロータリーエンコーダが内蔵されています．L モータよりパワーは劣りますが，M モータのほうが早く回転することができます．

■ **タッチセンサ**

タッチセンサは，人間でいう触覚にあたります．障害物回避などに使われます．スイッチが押されていない状態のときは「0」，押されると「1」，押されて離れるという「ぶつかった」状態のとき「2」という値を出力します．

■カラーセンサ

カラーセンサは，人間でいう視覚にあたります．黒，青，緑，黄，赤，白，茶と読み取り数値として出力するモードと，明るさを0から100までの値で出力するモードがあります．明るさを読み取るモードでは，カラーセンサから光を出して，その反射光を読み取るモードと，センサから光を出さずにセンサの回りの明るさを読み取るモードの2種類の使い方ができます．

■ジャイロセンサ

Mモータと同様にEV3から新しく追加されたセンサです．ジャイロセンサをケース上の矢印の向きに回転すると，その回転角と角速度を出力します．ロボットを任意の角度だけ旋回させたり，ロボットが倒れているかなどを知ることができます．

■超音波センサ

超音波センサは，片方の穴から人間の耳には聞こえない音（超音波）を発し，その反射する音をもう一つの穴で捉えることにより，対象物までの距離を測ることができます．

■ワイヤーコネクタ

センサやモータをEV3本体に接続するときに使用します．ワイヤ内には6本の線が入っており，EV3本体からモータへ電気の供給や，センサの読み取った信号をEV3へ送信します．コネクタ部分は電話線のコネクタと非常によく似ていますが，ワイヤーコネクタは「ツメ」の位置が中心から少しずれているため，ワイヤーコネクタの代わりに電話線をそのまま使用することはできません．

■その他 特殊なセンサ

EV3シリーズには，標準パーツ以外にも，温度センサや赤外線センサなどもあります．また，NXTのサウンドセンサやモータも使用することができます．

コラム 4：中はどうなってるの？（センサ編）

センサの中はどうなっているのでしょう？少しのぞいてみましょう．

・タッチセンサ

中にプッシュスイッチが入っています．タッチセンサが押されていない状態では 0 が送信され，タッチセンサを押すと中のプッシュスイッチが押され，1 を送信します．

・カラーセンサ

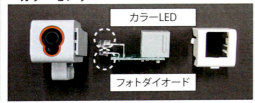

受光素子（フォトダイオード）と発光素子（発光ダイオード）が上下に並んで取り付けてあります．発光素子はカラー LED となっており，赤緑青の光が一定間隔 (1msec) で点灯しています．この光の反射量を受光素子で読取り，対象物の色を判断して EV3 へ送信します．

・ジャイロセンサ

1 軸のジャイロ IC が付いているのがわかります．この部分で回転をキャッチして，値を EV3 へ送信します．このジャイロ IC は 1 度の誤差精度を持っていますが，ジャイロセンサでは 90 度回転の場合で誤差 3 度となっています．

・超音波センサ

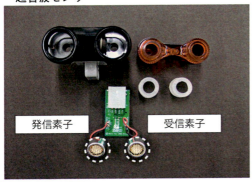

発信素子と受信素子が左右に付いています．発信素子から発信した超音波が障害物にぶつかって反射してくる時間をカウントし，障害物との距離を求めて EV3 へ送信します．測定可能な距離は 3〜250cm となっており，誤差は 1cm となっています．超音波センサは，音の反射を利用して距離を測るため，音が反射しにくい物体や，円柱などでは正確に距離が測定できない場合があるので注意が必要です．

※ 部品の分解などは個人の責任にてお願いいたします．

コラム5：中はどうなってるの？（EV3本体，モータ編）

・EV3本体

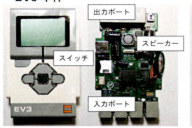

本書で使用するEV3の中はどうなっているのでしょう？EV3本体の中には，表示用の液晶や入出力ポート，スピーカー，回路部品等が隙間なく詰まっています．その下には，EV3の頭脳とも言えるARM9があります．この周辺に，プログラムを保存しておくメモリチップが実装されています．

・Lモータ

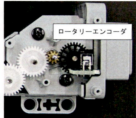

Lモータには，動力を伝えるギアと回転数を調べるギアが付いています．回転数を調べる部分はスリットの入ったギアが付いており，エンコーダといいます．このエンコーダには12個のスリットがあります．このモータは，元のモータが48回転すると先端のギアが1回転するしくみになっており，同時に180回のスリットをカウントする仕組みになっています．スリットは1と0があるため，このモータは，理論上1度の角度制御性能を持っています．

・Mモータ

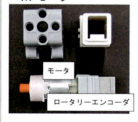

Mモータには，動力を伝えるギアと回転数を調べるギアが付いています．Lモータは，多段歯車であったのに対して，Mモータは，遊星歯車が使われています．またLモータと同様に，回転数を調べる部分エンコーダが付いています．

Lモータは停動トルク40Ncm，最大回転数が160〜170rpmで，Mモータは停動トルク12Ncm，最大回転数が240〜250rpmとなっています．このことからも，Lモータはパワー重視，Mモータは速度重視のモータとなっていることがわかります．

※ 部品の分解などは個人の責任にてお願いいたします．

3.2 プログラムを作成するには

EV3 には，標準で **EV3 ソフトウェア**（**EV3-SW**）と呼ばれるマウス操作でプログラミングするソフトウェアがあり，LEGO ブロックを組み立てるようにプログラムを作成することができます．他のプログラム言語[3-9]には，C 言語と似ている **Not eXactly C**（**NXC**）[3-10] があります．EV3-SW のような，直感的なグラフィック操作でプログラミングを行うソフトを GUI(Graphical User Interface) ソフトウェアといいます．また，エディタやコマンドラインを使用してプログラミングを行うソフトを CUI(Character User Interface) ソフトウェアといいます．EV3-SW は，図 3.3(a) のように，マウス操作でプログラムを作成することが可能であるため，幅広い年齢層で使用することができます．ただし，細かい設定や高度なプログラム作成には適していません．その点，NXC は，図 3.3(b) のようにテキストベースのプログラムであるため，プログラムの知識が必要となりますが，高度なロボット制御を行うことができます．本書では，EV3-SW と NXC を用いてプログラミングします．[3-11] 学習環境や難易度を考慮してどの開発環境を使用するかを決めましょう．初心者の方は EV3-SW（図 3.3(a)）を，プログラム経験者は，NXC の統合環境である BricxCC（図 3.3(b)），もしくはエディタとコマンドラインを使用するとよいでしょう．

[3-9] その他の LEGO プログラミング環境として
・ev3dev
・leJOS EV3
・TOPPERS EV3RT
・MonoBrick
・Labview
・MATLAB
などがあります．

[3-10] NXC は，フリーウェアとして提供されています．
http://bricxcc.sourceforge.net/nbc/ から入手可能．

[3-11] プログラムの開発環境の構築について，EV3-SW は公式 HP もしくはソフトウェアダウンロードページを参考にインストール作業を行ってください．NXC の開発環境の構築は，本書のサポート Web ページを参考にしてください．

(a) EV3-SW

(b) NXC（統合環境 BricxCC）

図 3.3　EV3 ソフトウェア (EV3-SW) と NXC

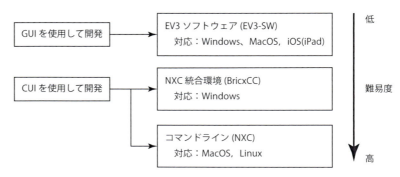

図 **3.4** 開発環境の選択

3.2.1　ロボットへプログラムを送るには

　作成したプログラムやコンパイルしたファイルを EV3 へ転送する方法を説明します．転送は，USB 接続や Bluetooth（無線通信）もしくは，ネットワーク経由を介して行います．ファイルの転送後ロボット上でプログラムを実行することが可能となります．

・**USB** によるプログラムの転送

　EV3 には，図 3.5 のように USB(Universal Serial Bus) [3-12] ポートが標準で付いています．付属の USB ケーブルを使って EV3 と PC をつないで EV3-SW プログラムを転送します．

図 **3.5**　EV3 の USB ポート

・**Bluetooth** によるプログラムの転送

　Bluetooth [3-13] を用いてコンピュータと EV3 の間を図 3.6 のようにワイヤレス通信します．パソコンで作成したプログラムを EV3 に転送（通信）するためには，事前に認証キー（パスキー）の設定を行う必要があります．

3-12) プリンタ，キーボード，マウスなど PC の周辺機器に用いられている規格．USB2.0 では，最大 480Mbps のデータ転送速度となります．さらに転送速度の速い USB3.0（最大 5Gbps）もあります．

3-13) 携帯情報機器やパソコンなどで数 m 程度の機器間接続に使われる短距離無線通信技術の一つ．ノート PC や携帯電話などをケーブルを使わずに接続してデータ通信を行うことができます．無線の周波数は，無線 LAN と同じ 2.4GHz 帯の電波を利用し，1Mbps の速度で通信します．パソコンと EV3 の距離が 10m 以内であれば障害物があっても通信が可能です．

図 3.6　Bluetooth による EV3 との通信

・ネットワーク回線によるプログラムの転送

　EV3 本体の側面には，ハードウエア接続用の USB ポートが付いています．この USB ポートに図 3.7 のように有線 LAN アダプタや無線 LAN ドングルを差し込み，ネットワーク回線を経由してプログラムを転送することもできます．ただし，あらかじめ有線 LAN 設定や無線 LAN 設定が必要です．

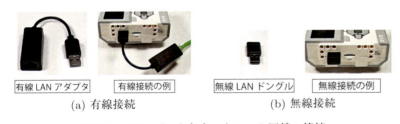

図 3.7　USB ポートとネットワーク回線の接続

3.2.2　プログラムの作成

　ロボットを動かすために，さっそくプログラムを作ってみましょう．本書は，ロボットのプログラミングについて，アルゴリズム (PAD) の説明を行った後，標準で付属されている EV3 ソフトウェア (EV3-SW) と，C 言語の NXC による 2 種類のプログラムを説明します．

■ EV3-SW によるプログラム作成の流れ

EV3-SW は，Windows，MacOS，iOS(iPad)，Android で提供されており，以下からダウンロードすることができます．[3-14]

LEGO education ： https://education.lego.com/

EV3-SW は，図 3.8 のようにプログラミングキャンバス上のスタートブロックにプログラミングブロックを並べてプログラムを作成します．EV3-SW のブロックは，機能ごとにプログラミングパレットの中に分けられ，動作ブロック（7個），フローブロック（5個），センサブロック（11個），データブロック（10個），マイブロックの全部で 34 種類[3-15]あります．また，各プログラミングブロックの上部も機能ごとに色が分かれています．図 3.9 と図 3.10 を見て，どんなプログラミングブロックがあるか確認しましょう．

[3-14] iOS 版と Android 版は，マイブロックが作れないなど，Windows 版や MacOS 版と比較すると一部機能に制限があります．

[3-15] マイブロックは自由に作成することができるため，正確には 34 種類以上のブロックになります．

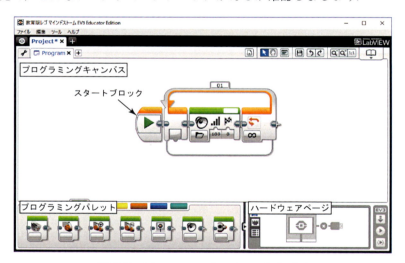

図 **3.8** EV3-SW のプログラム作成画面

■ 動作ブロック

■ フローブロック

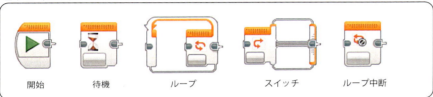

■ センサーブロック

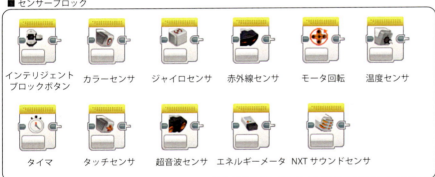

■ データブロック

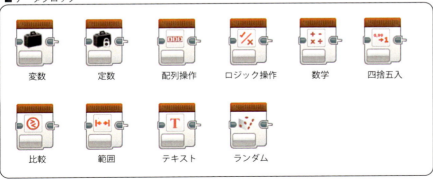

図 3.9　EV3-SW のプログラミングブロック 1

図 **3.10**　EV3-SW のプログラミングブロック 2

■ **NXC によるプログラム作成の流れ**

　NXC によるプログラムは，Windows, Linux, Mac OS 上でコンパイル[3-16]することが可能です．Windows で NXC のプログラムを作成するときは，統合環境 BricxCC を使用します．BricxCC は，EV3 との接続やファイル操作，プログラムの作成からコンパイル作業まで行うことができます．一方，Linux や MacOS で NXC プログラムを作成するときは，ターミナルを起動して vi や emacs [3-17]などのエディタを用いてプログラムを作成します．コンパイルやファイル転送はコマンドをターミナル画面に入力して操作します．ファイル名の拡張子は C 言語と同様に ".c" とします．NXC は，モータやセンサの命令以外は C 言語と同じ文法で記述します．

[3-16] 38 ページ側注 3-29) を参照．

[3-17] vi, emacs vi や emacs は，UNIX 系 OS の基本エディタソフトです．

3.3 音を鳴らしてみよう

EV3-SW内にあるサウンドファイルを繰り返して鳴らすプログラムを作ってみましょう．ここでは，"Bravo.rsf" というサウンドファイルを指定して，無限ループの中で再生を繰り返します．このアルゴリズムのPADは，図3.11のようになります．[3-18)]

図 3.11　音を鳴らすプログラムのPAD

3-18) PADの最初

は，処理の定義を表しています．処理の定義は，PADの始まりに必ず付きます．

アルゴリズムのEV3-SWとNXCのプログラムは次のようになります．PADと各プログラムを比較してみてください．各プログラムには，PADの手順に対応する処理に同一の番号が付けてあります．それぞれのプログラムを理解するときに両者を比べてみると学習の役に立ちます．

3-19) スタートブロック

スタートブロックは，プログラムの始まりです．スタートブロックにつながったプログラミングブロックをEV3に転送します．

■ EV3-SW プログラム

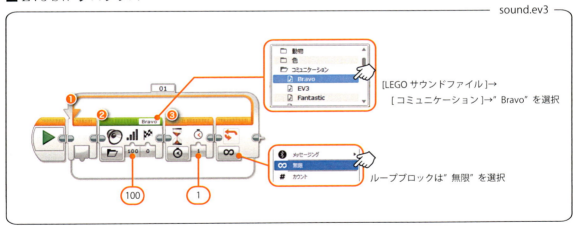

・プログラミングブロックの解説

プログラミングキャンバスに最初から置いてあるブロックをスタートブロック[3-19)] と呼びます．EV3-SWでは，プログラミングブロックを接続してプログラムを作成します．また，ワイヤ[3-20)] を伸ばしてプログラミングブロックに接続することもできます．

3-20) ワイヤ

プログラミングブロックの接続部分からワイヤを出すことができます．好きな方向にのばしたり，曲げたりすることができます．

3-21) ループブロック

ループブロックの中に並べたブロックは、自分の決めた条件の間繰り返し実行されます。条件を無限にするとそのプログラムは終了せず、そのループを無限に繰り返し続けます。これを無限ループといいます。

3-22) サウンド（音）ブロック

好きな音声ファイルや音階（ドレミファソラシド）を鳴らすことができます。

3-23) 音声ファイル
その他の音声ファイルとして
・機械音や動物の鳴き声などのサウンド
・Good job などの音声
・ドレミ音
など数十種類用意されています。
音ファイル rsf 形式はEV3独自のフォーマットになります。オリジナルのサウンドファイルの作成や編集は，EV3-SW の［ツール］→［サウンドエディター］で行えます。

　最初に，ループブロック³⁻²¹⁾ ❶ をドラッグし，スタートブロックにつなげましょう．ループブロックの中に他のブロックを入れることができます．ループ内のブロックは，ループブロックで指定した回数（デフォルトは「無限」＝無限ループ）だけ繰り返し実行されます．

　では，ループブロックの中に サウンド（音）ブロック³⁻²²⁾ ❷ を入れてみましょう．ループブロック上にサウンドブロックをドラッグしていくとループブロックが横に広がるので，そこにドロップします．

　次に，ドロップしたサウンドブロックの設定パネルで再生する音声ファイルを選択します．サウンドブロック右上の空欄をクリックすると設定パネルが表示されるので，［LEGO サウンドファイル］の［コミュニケーション］から "Bravo"³⁻²³⁾ を選択します．

　これで，EV3-SW によるプログラムの完成です．回数を指定して再生する場合は，ループブロックの "無限" を "カウント" に変更し，カウントの値を 4 とすると 4 回音を鳴らして終了します．

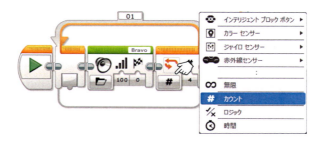

■ NXC プログラム[3-24]

```
sound.c
#include "./jissenPBL.h"                          //ヘッダファイルの読み込み

int main()
{
  SoundInit();                                    //サウンドの初期化
  ButtonLedInit();                                //EV3本体のボタン初期化

❶ while(true){
❷   PlayFile("/home/root/lms2012/prjs/Bravo.rsf"); //サウンドの再生
❸   Wait(1000);                                   //1秒間保持
     if(ButtonPressed(BTN1)) break;               //プログラム停止用
  }
  return 0;
}
```

・プログラムの解説[3-25] [3-26] [3-27]

　NXC プログラムでは，最初の行に "#include ./jissenPBL.h" と記述してあります．この include 文は，ヘッダファイル[3-28]の読み込みを行います．また，NXC は C 言語と同様に関数 main() を実行します．while() 文 ❶ の括弧内の条件を true にすると，無限ループになります．PlayFile 命令 ❷ は Bravo.rsf というサウンドファイルを読み込み，再生します．次の Wait(1000) は，前の命令であるサウンドファイルの再生を 1 秒保持します．この Wait 命令が無いと "Bravo" と再生が終わる前に，次の "Bravo" が再生されてしまいます．

　このプログラムを実行すると，EV3 本体にある左上のキャンセルボタンを押すまで無限に音を鳴らし続けます．では，決まった回数だけ再生するにはどうしたらよいでしょう？その場合は，以下の例のように for 文を使用します．

```
int i;
for(i=0;i<3;i++); {                               // 4 回繰返す
  PlayFile("/home/root/lms2012/prjs/Bravo.rsf");  // 内蔵の音を鳴らす
  Wait(1000);                                     // 1 秒間保持
}
```

　for 文の () 内の条件を i<3 とすると，Bravo.rsf というサウンドファイルを 4 回 (i=0,1,2,3) 再生します．

3-24) プログラム内に説明をコメント文で書いてありますが，Windows 環境の BricxCC では，日本語のコメントは記述できないので注意してください．

3-25) while()
while 後の () 内の条件が満たされるまで {} 内の処理を繰返します．(true) とすると無限ループ（プログラムが停止しない）となります．

3-26) PlayFile()
PlayFile 後の () 内で呼び出すファイルを指定します．

3-27) Wait()
Wait() の直前まで行っていた処理を「保持」する命令です．() 内は保持する時間を指定します．1000 で 1 秒となります．

3-28) ヘッダファイル
本書で使用する jissenPBL.h は，九州工業大学の花沢先生が作成されたヘッダファイルを使用しています．実際にヘッダファイルの中を見てみると，NXC コマンドが使用できるように関数の定義が行われています．
九州工業大学 花沢研究室
http://www.mns.kyutech.ac.jp/ hanazawa/jissenPBL.h 以外にも，lms2012.h や lms_api ディレクトリ内にあるファイルでも NXC コマンドが定義してあります．本書で使用している関数以外にも，さまざまな関数や関数の使い方がありますので，これらのヘッダファイルや設定ファイルの中を見てみるとよいでしょう．

・プログラム中のコメント文

　プログラムは，作っているときにその内容が理解できていても，後から見直すとわからなくなることや，自分以外の人にプログラムを見せることもあり，どんなプログラムかを説明（メモ）しておく必要があります．このようなときに用いるのが**コメント**です．コメントは「//」と「/* 〜 */」の 2 種類があります．「//」は，それ以降，行の終了までの文字列がプログラムでは無視されます．一方，「/* 〜 */」は「/*」と「*/」に囲まれた部分がコメントになります．「/* 〜 */」を使用したコメントの場合は，複数行にまたがってもかまいません．EV3-SW もプログラミングキャンバスにコメントを書き込むことができます．

3.4　プログラムを実行してみよう

　プログラムを実行するには，EV3-SW の場合，プログラムを EV3 に転送して実行します．NXC の場合は，プログラムをコンパイル[3-29]してから EV3 にプログラムを転送します．NXC のコマンドラインの場合は 3.4.2，統合環境 BricxCC の場合は 3.4.3 から読み始めてください．

3.4.1　プログラムの転送と実行（**EV3**-**SW** の場合）

　EV3-SW で作成したプログラムを転送して実行するために，EV3 本体と接続します．

1. 接続の確認

　USB 接続によるプログラムの転送では，EV3 と PC を USB ケーブルで接続するだけで特に設定の必要はありません．Bluetooth を用いて無線接続する場合には，EV3 が PC（もしくは iPad 等）と通信するのかをあらかじめ登録（ペアリング）しなければなりません．そのためには，EV3 本体と PC（もしくは iPad 等）のそれぞれに Bluetooth が使用できるように設定しておく必要があります．ファイルが転送可能な状態になると，コントローラボタンの EV3 が赤色に変わりますので確認してみましょう．[3-30]

3-29) コンパイル
C 言語などの高級言語を機械語に変換することをコンパイルといいます．また，今回のようにプログラムを開発する環境と実行する環境が異なる場合は，実行する環境に合わせてコンパイルするため，**クロスコンパイル**といいます．NXC では，開発環境（Windows や Linux:Intel 系 CPU）に対して，実行環境（EV3: ARM マイコン）となるためクロスコンパイルを行う必要があります．

3-30)

NXT を接続すると表示が NXT へ変わります．

2. プログラムの転送

EV3-SW では，画面の右下にあるハードウェアページ（図 3.12）のコントローラボタン[3-31]のダウンロードをクリックしてプログラムを EV3 へ転送します．

3-31) コントローラボタン

プログラム転送と実行に使用します．接続すると「EV3」の文字が赤く点灯します．コントローラボタンには，ダウンロード，ダウンロードして実行，**ダウンロードして選択内容を実行**の機能があります．ダウンロードして選択実行を選ぶとプログラミングキャンバス内で選択したブロックのみが実行されます．プログラムの修正や動作の確認のときに使用すると良いでしょう．

図 3.12 ハードウェアページ

3. プログラムの実行

転送したプログラムを実行するには，EV3 本体の左右のボタンを押して「🗂」タブを選択します．プロジェクトファイル名を選択し，その中にあるプログラムを選択[3-32]してから，中央の決定ボタンを押すとプログラムが実行されます．[3-33] "Bravo" と LEGO ロボットから音は再生されたでしょうか？このプログラムは無限ループなので，実行中のプログラムを停止するにはキャンセルボタンを押します．

実行した際には，実際のロボットの動作から，アルゴリズム通りに実現されているのかを確認してください．また，ロボットが目的と異なる動作をしたときは，作成したプログラムのどこが悪いかを見直しましょう．この見直しを**デバッグ**と呼び，ロボットプログラミングではとても重要です．

3-32) EV3-SW の初期設定では，プロジェクト名は Project，プログラム名は Program になります．

3-33) 決定ボタンとキャンセルボタン

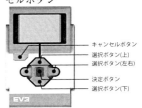

EV3 には中央の決定ボタン，左上のキャンセルボタン，上下左右の選択ボタンが付いています．

3.4.2 NXC のコンパイル（コマンドラインの場合）

NXC プログラムは，ロボット上で実行可能な言語（機械語）に変換する必要があります．この作業を**コンパイル**（**Compile**）[3-34] といいます．Linux や MacOS のターミナルを用いたコンパイルでは，コマンドラインからクロスコンパイル環境[3-35] を使用してコンパイルを行います．[3-36]

次のコマンドで NXC プログラムをコンパイルしてみましょう．ターミナル (Linux，Macintosh) [3-37] から以下のコマンドを入力します．[3-38]

```
pc> arm-none-linux-gnueabi-gcc sound.c -o sound
```

作成したプログラムにエラーが無いと，コンパイルが正常に終了し，sound.c と同じ場所（ディレクトリ）に EV3 上で実行可能なファイル sound [3-39] が生成されます．もし，プログラムの記述ミスや文法に間違いがあるとコンパイルエラーとなります．その場合，エラーの内容を確認して修正を行います．その後，再度コンパイルを行います．

例として，sound.c のプログラムにエラーを発生させてみましょう．ここでは，5 行目の「PlayFile」の部分を「Playfile」と大文字の F を小文字の f にしてコンパイルしてみましょう．

────────────── コンパイルエラー ─
```
pc> arm-none-linux-gnueabi-gcc sound.c -o sound
gcc sound.c -o sound
/tmp/ccmanYBr.o: In function 'main':
sound.c:(.text+0xbc2c): undefined reference to 'Playfile'// 「Playfile と
いう関数は定義されていません」という意味のエラーメッセージ
collect2: ld returned 1 exit status
```

プログラムの世界では，このように大文字と小文字の違いもエラーとなります．[3-40] また，コンパイルエラーと表示された部分にエラーが無い場合もあります．その場合は，表示されたエラー行の前後に間違いがないか調べましょう．

3.4.3 NXC のコンパイル（BricxCC の場合）

Windows の統合環境 BricxCC を使用してコンパイルするには，C 言語ファイルと同じフォルダに**プロジェクトファイル**を作成する必要があります．[3-41] プロジェクトマネージャを起動するため，BricxCC メニューの「View」から「Project Manager」を選択します．図 3.13(a) のプロジェクトマネージャ画

[3-34] C 言語などコンピュータに依存しない言語を高水準言語といいます．一方，コンピュータのハードウェア依存の強い言語を低水準言語といいます．コンピュータは，機械語という低水準言語しか理解・実行することができないため，高水準言語から低水準言語へ翻訳する必要があります．この翻訳作業のことを**コンパイル**といいます．

[3-35] クロスコンパイル環境
通常のコンパイルは，コンパイル環境と実行する環境が同じところで行いますが，コンパイルする環境と実行する環境が異なる場合は，クロスコンパイルを使用して実行する環境に合わせてコンパイルを行います．

[3-36] クロスコンパイル環境の設定方法は，サポート Web ページにあります．

[3-37] ターミナル
キーボードからプログラムやコマンド（命令）を入力してパソコンの操作を行うことができる画面をターミナルといいます．

[3-38] 開発を行う PC 側から入力するコマンドと EV3 から入力するコマンドを区別するため，
PC 側：「pc>」
EV3 側：「EV3#>」
と本書では記述します．

[3-39] 実行ファイル
c ファイルをクロスコンパイルすることによって EV3 が理解できるプログラムが作成されます．

面中央の「Files」の白い部分で右クリックし，「Add」を選択します．ここで ev3_button.c, ev3_command.c, ev3_lcd.c, ev3_output.c, ev3_sound.c, ev3_timer.c を選択します．[3-42] パス[3-43] を指定するには，BricxCC メニューの「File」から「Open」を選択し，作成したプロジェクトファイルを開き，[3-44] 図 3.13(b) のようにファイルパス (C:¥BricxCC¥lms_api¥) の追加を行います．これで設定は完了です．

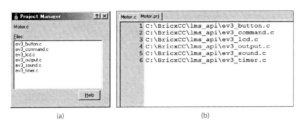

図 3.13 BricxCC のプロジェクトファイル設定

コンパイルは，メニュー「Compile」から「Compile」を選択します．もしエラーがある場合は，キーボードの F12 を押すと詳細なエラーを確認できます．

図 3.14 BricxCC のコンパイルエラー画面

図 3.14 は，PlayFile の F を小文字にしたときのエラー画面です．

3.4.4 プログラムの転送と実行（NXC の場合）

コンパイルして生成された実行形式のファイル (sound) を EV3 に転送します．NXC では，開発環境によって転送方法が異なります．コマンドラインを使用して NXC プログラムを開発している場合は，LAN 経由でファイルの転

3-40) エラーを怖がる必要はありません．プログラミング上達のコツはどんどん間違えることにあります．

3-41) プロジェクトファイル
各 C 言語ファイルごとにプロジェクトファイルが必要となります．ファイル内の記述内容はどのファイルも同じ内容ですのでここで作成する sound.prj をコピーして使用するとよいでしょう．

3-42) 開発環境のインストール場所により記述されるパスが異なります．それぞれの環境のパスに読み替えて記述してください．

3-43) 絶対パス・相対パス
コンピュータ内のどこにファイルやフォルダ（ディレクトリ）があるかを表現する方法は 2 種類あり，絶対パスはコンピュータの C ドライブの BricxCC のフォルダの中の…というような表現をします．一方，相対パスは，現在のフォルダ（ディレクトリ）から見たときにどの場所にあるかを表現します．具体的には，一つ上のフォルダの中にある BricxCC のフォルダの中の…という表現になります．

3-44) デフォルトで.c ファイルを探すようになっているため，ファイルの種類を「All Files」に変更してプロジェクトファイルを選択してください．

送を行います．また，統合環境 BricxCC を使用している場合は，USB 経由でプログラムの転送を行います．ここでは，それぞれの環境でのファイル転送方法を説明します．

・**LAN 経由でのファイル転送と実行（コマンドラインの場合）**

Linux や MacOS では，ターミナルを使用してプログラムの作成やコンパイルを行いました．ファイルの転送も同様にターミナルを用いて LAN 経由で行います．ただし，LAN 経由でファイル転送を行う場合は，ネットワーク環境と EV3 の設定[3-45]をあらかじめ行っておく必要があります．

3-45) 詳しいネットワーク設定方法は，サポート Web ページを参照してください．また，EV3 のファームウェアバージョンは 1.08 で行ってください．

1. IP アドレスの確認

最初に EV3 の IP アドレス[3-46]を調べるため，EV3 本体の設定画面を表示します．「🔧」タブを選択して「Brick Info」を選択します．図 3.15 のように画面に設定一覧が表示されるため，一番下の「IP Adress」にある「192.168.11.17」[3-47]を確認します（IP アドレスは個体ごとに異なります）．これが EV3 本体の IP アドレスとなります．

3-46) IP アドレス
インターネット通信を行う上で使用する番号．インターネットを使用する機器に重複しないように割り振る必要があり，従来の IPv4 規格では，世界で約 43 億台登録することができました．しかし，インターネットの爆発的な普及により 2011 年に枯渇してしまいました．そのため，現在は次の規格である IPv6 への移行が進められています．IPv6 で登録できる機器は約 340 澗台（340 兆の 1 兆倍の 1 兆倍）という膨大な数となっています．

図 **3.15** IP アドレスの確認

3-47) 表示される値は環境によって異なります．

2. EV3 へのログイン

次に，ネットワーク経由で EV3 にログインします．EV3 はデフォルトで Linux がインストールされています．外部から EV3 にリモート接続するには，telnet コマンド[3-48]を使用します．接続先には，先ほど調べた EV3 の IP アドレスを指定します．

3-48) telnet コマンド
UNIX 基本コマンドの 1 つ．別の PC へリモート接続を行う際に使用したり，指定したポート番号での通信を擬似的に行うことができます．しかし，通信が暗号化されないため，最近ではあまり使用されていません．

```
pc> telnet 192.168.11.17 （先ほど調べた EV3 の IP アドレス）
```

接続が成功すると図 3.16 のような画面となります．ログイン名は「root」，パスワードはありません．認証が成功するとプロンプトが表示されます．ま

た，EV3 内部のディレクトリ構造[3-49] は，図 3.17 のようになります．

図 **3.16** EV3 ログイン画面

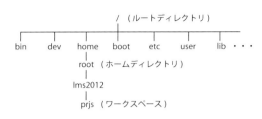

図 **3.17** EV3 内のディレクトリ構造

[3-49) ディレクトリ構造
Windows はフォルダ構造とよばれていますが，EV3 などの Linux 環境ではディレクトリ構造とよばれます．ディレクトリ構造では，一番上にルートディレクトリがあり，その下に機能や設定ごとに枝分かれするように，ディレクトリが配置されています．個人の環境が保存されている場所をホームディレクトリといい，作業を行うディレクトリをワーキングディレクトリ（ワークスペース）といいます．

EV3 にログインすると，ホームディレクトリは "/home/root/" となります．プログラムを開発するワークスペースは，"/home/root/lms2012/prjs" となります．

3. ファイル転送環境の設定

次に，ファイル転送が可能となる Dropbear SSH を起動します．[3-50]

```
EV3#> dropbear
```

何も表示されませんが，これで EV3 はファイル転送に対応可能となります．

[3-50) Dropbear SSH コマンド
EV3 の電源が OFF になると dropbear は停止してしまいます．そのため，再起動した場合は，再度コマンドを入力して Dropbear SSH を起動する必要があります．

4. 実行ファイルの転送

実行ファイル sound を EV3 へ転送します．ファイル転送には scp コマンドを使用します．PC 側から以下のコマンドを入力します．

```
pc> scp sound root@192.168.11.17:/home/root/lms2012/prjs/
```

パスワードの入力を求められますが，パスワードは無しのため，そのまま Enter キーを押します．また，同様にサウンドファイル Bravo.rsf [3-51] も EV3 へ転送します．

```
pc> scp Bravo.rsf root@192.168.11.17:/home/root/lms2012/prjs/
```

[3-51) サウンドファイルは EV3-SW の中に入っています．EV3-SW をインストールしたのち，
C:¥Program Files (x86)
　¥LEGO Software
　¥LEGO MINDSTORMS
　Edu EV3¥Resources
　¥BrickResources
　¥Education
　¥Sounds¥files
　¥Communication
の中にあります．

5. プログラムの実行

EV3 へ転送した実行ファイル sound を実行します．EV3 内のワーキングディレクトリに移動して実行します．

```
EV3#> cd /home/root/lms2012/prjs
EV3#> ./sound
```

プログラムの停止は，EV3 本体のキャンセルボタンを押します．

・**USB 経由でのファイル転送と実行（BricxCC の場合）**

BricxCC を使用してプログラムを開発している場合は，USB を使用してファイルの転送を行います．

1. プログラムの転送

EV3 本体と PC を USB ケーブルで接続し，図 3.18 のようにメニュー「Compile」から「Download」を選択してファイルを転送します．また，LAN 経由でのファイル転送と同じように，Bravo.rsf ファイルを転送する必要があります．メニューの「Tools」から「Explorer」を選択して，図 3.19 の Brick Explorer を起動します．右のファイルフォルダ画面から Bravo.rsf を選択[3-52]し，左の EV3 内のファイルフォルダへ移動します．

[3-52) Bravo.rsf は，C:¥Program Files (x86)¥LEGO Software¥LEGO MINDSTORMS Edu EV3¥Resources¥BrickResources¥Education¥Sounds¥files¥Communication の中にあります．]

2. プログラムの実行

BricxCC を使用した場合は，メニュー「Compile」内にある「Download and Run」を選択して実行します．プログラムの停止は，EV3 本体のキャンセルボタンを押します．

図 3.18　ファイルのダウンロード

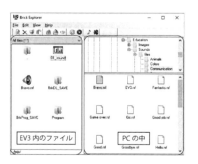

図 3.19　Brick Explorer

3.5 メロディを奏でよう

前節では，EV3 内にあるファイルを再生するだけの簡単なプログラムでした．ここでは，もう少し複雑なプログラムを作成してみましょう．音階と音の長さを指定して，LEGO ロボットでメロディを奏でてみましょう．このアルゴリズムの PAD は，図 3.20 のようになります．

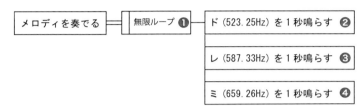

図 3.20 音を奏でるプログラムの PAD

アルゴリズムの EV3-SW と NXC のプログラムは次のようになります．

■ EV3-SW プログラム

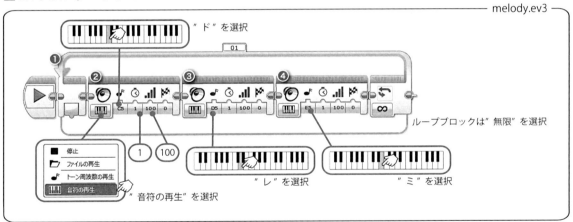

・プログラミングブロックの解説

❷のサウンドブロックから "音符の再生" を選択すると鍵盤が表示されます．鍵盤上で鳴らしたい音階を指定して，長さを秒で指定します．このブロックを並べるとメロディを奏でることができます．❸と❹のサウンドブロックも設定します．再生時間と音量をそれぞれ設定します．❶の無限ループにより，EV3 本体のキャンセルボタンを押すまで無限に繰り返します．

■ NXC プログラム

melody.c

```
#include "./jissenPBL.h"
int main()
{
  SoundInit();
  ButtonLedInit();
❶ while(true){
❷   PlayToneEx(523.25,1000,100);
    Wait(1000);
❸   PlayToneEx(587.33,1000,100);
    Wait(1000);
❹   PlayToneEx(659.26,1000,100);
    Wait(1000);
    if(ButtonPressed(BTN1)) break;
  }
  return 0;
}
```

・プログラムの解説

NXC でメロディを奏でるには PlayToneEx 命令を使用します．[3-53] これを用いるとメロディを作成することができます．音階と周波数の関係は，表 3.2 のようになります．

3-53)
PlayToneEx()
音の再生
PlayToneEx(周波数, 再生時間, 音量);

表 3.2 音階と周波数

音階	ド (C)	レ (D)	ミ (E)	ファ(F)	ソ (G)	ラ (A)	シ (B)	ド (C)
周波数 [Hz]	523.25	587.33	659.26	698.46	783.99	880	987.77	1046.5

❷の PlayToneEx(523.25,1000,100) 命令で周波数 523.25Hz の音を 1 秒間再生します．523.25Hz は，音階でドの音になります．PlayToneEx 命令の後に Wait(1000) を記述します．この Wait 命令の記述がないと，次の❸の PlayToneEx 命令が動いてしまい，音が上書きされてしまいます．そのため，❷，❸，❹の間にそれぞれ Wait 命令を記述します．❶の while 文のループにより，それぞれ指定した高さの音を 1 秒ずつ鳴らし，条件が true なので無限に繰り返されます．

■■ 演習問題 ■■

・基本問題

3-1. 再生ファイルを「Bravo」から「EV3」にかえてみましょう．

3-2. 2つのファイルを連続して鳴らしてみましょう．

・応用問題

3-3. コラム6を参考にテンポ(BPM)を指定してメロディを奏でてみましょう．

コラム 6：テンポ (BPM)

音符でメロディを奏でるには，テンポであるBPMを決定する必要があります．BPMは，**Beat Par Minute**であり，1分間あたりの四分音符の数を表します．

四分音符の長さ（秒）$= \dfrac{60}{\text{BPM}}$

BPM= 120とすると，四分音符の長さは $60 \div 120 = 0.5$ 秒となります．八分音符は，その半分の0.25秒，二分音符は1秒となります．BPMによって，各音符の長さが変化します．

			周波数	秒	(msec)
ド	四分音符	→	523.25 Hz	0.5 秒	500
レ	四分音符	→	587.33 Hz	0.5 秒	500
ミ	二分音符	→	659.26 Hz	1.0 秒	1000

4 LEGO ロボットのモータを制御しよう（基礎編）

LEGO ロボットを自分の思い通りに動かしてみましょう．本章では，モータ制御について学んだ後，効率の良いプログラムの作り方について学びます．

> **この章のポイント**
> → モータ制御
> → 関数化，マイブロック

4.1 ロボットの組み立て

EV3 に付属する組立説明書を参考にロボットを組み立てて下さい．図 4.1 のロボットは，組立説明書に記載されているトレーニングロボット[4-1] を基本にしています．このロボットには，2 個の L モータ，超音波センサ，タッチセンサ，カラーセンサ，ジャイロセンサが取り付けられています．

[4-1] トレーニングロボット以外にも，ジャイロボーイ，カラーソーターなどを作ることができます．

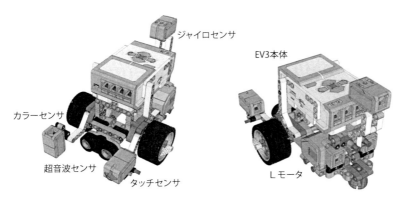

図 4.1　トレーニングロボット

出典:EV3-SW 組立説明書より

本書では，このトレーニングロボットを使って，前進や旋回するためのモータ制御と，タッチセンサやカラーセンサなどのセンサ情報を用いた制御について学んでいきます．

4.1.1　入力ポートと出力ポート

EV3 には，本体下部に 1〜4 の**入力ポート**，本体上部に A〜D の**出力ポート**，2 種類の USB ポート，マイクロ SD カードスロットが付いています．入力ポートには，タッチセンサやカラーセンサなど外部の情報を取り込むセンサを接続します．出力ポートには，モータを接続します．EV3 の L モータと M モータは，ロータリーエンコーダが内蔵されているため，モータの回転量を調べるセンサとして使用することもできます．

図 4.1 のトレーニングロボットの各センサとモータは，表 4.1 に示す入力ポートと出力ポートに接続します．

表 4.1　トレーニングロボットの入出力ポート設定

ポート	種類	名前	位置
入力ポート 1	タッチセンサ	CH_1	
2	ジャイロセンサ	CH_2	
3	カラーセンサ	CH_3	
4	超音波センサ	CH_4	入力ポート
出力ポート A	使用しません	−	
B	左モータ	OUT_B	
C	右モータ	OUT_C	
D	使用しません	−	出力ポート

4.2　ロボットを前進させるには（モータ制御 1）

本節では，ロボットのモータ制御について学びます．モータの前進，後退を，指定した時間だけ動作させるにはどうすればよいのでしょうか？

- → モータ制御
- → タンクブロック
- → OnFwdEx() 命令
- → OnRevEx() 命令

4.2.1　前進させるには

ただ「前進しなさい」と命令してもロボットはどれだけ動いてよいかわかりません．そのため，どれだけ前進するかを指定する必要があります．では，「3 秒前進しなさい」と命令したとします．しかしロボットは，何を前進させればよいのか解からないため，前進することができません．ロボットを前進させるには，

左右のモータを 3 秒間前進しなさい，その後，2 秒後退して停止しなさい

と，何をどれだけ動かせばよいか詳しく命令を与えないとロボットは前進することができないのです．

4.2.2　モータ制御によるロボットの前進

ロボットを前進させる命令をプログラムで書くにはどうすればよいのでしょうか？

左右のタイヤを駆動するモータは，図 4.2 のように EV3 の出力ポートの B と C にそれぞれ接続してあります．モータを EV3 の出力ポート B と C に接続した場合，モータの名前は以下のようになります．

出力ポート B のモータ：OUT_B
出力ポート C のモータ：OUT_C

これで，ロボットを前進させるための条件がそろいました．3 秒前進，2 秒後退して停止するアルゴリズムの PAD は，図 4.3 の PAD となります．

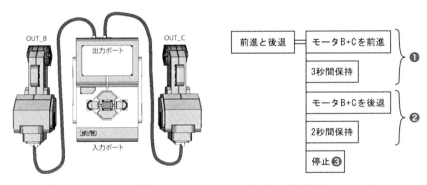

図 4.2　モータの接続　　　図 4.3　前進プログラムの PAD

アルゴリズムの EV3-SW と NXC のプログラムは次のようになります．

■ EV3-SW プログラム

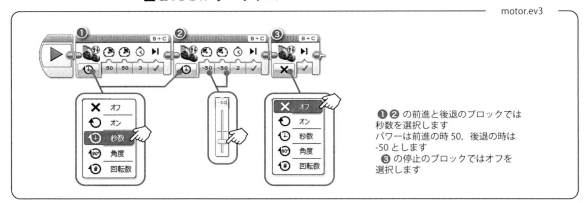

・プログラミングブロックの解説

4-2) タンクブロック

2つのモータを独立に制御することができます．

タンクブロック[4-2]をプログラミングキャンバスにドロップして，スタートブロックにつなげます❶❷❸．タンクブロックを選択し，設定パネルの各項目を設定します．モータはポートBとCに接続してあるので，ブロック右上の接続ポートがB＋Cとなっていることを確認します．❶❷では，3秒前進と2秒後退と時間でモータを制御するため，［秒数］を選択します．左右のモータのパワーを50と正の値を入力すると前進，-50と負の値を入力すると後退となります．モータを停止するには，❸のタンクブロックのようにオフと設定します．❸のモータ停止は，❷の［ブレーキ方法］の項目を"真"とするとブレーキがかかります．この場合は，❸のブロックを省略することができます．

・タンクブロックとステアリングブロック

タンクブロック	B：50　C：50	B：50　C：40	B：50　C：30
ステアリングブロック	ステアリング：0	ステアリング：10	ステアリング：20

EV3-SWにはモータを制御するブロックとして「タンクブロック」と「ステアリングブロック」があります．タンクブロックは左右のモータをそれぞれ独立に制御します．ステアリングブロックは，自動車のステアリング（ハンドル）を操作して動かすのと同じように，1つの値（-100～+100）だけで左右のモータを制御します．

■ NXC プログラム

```
                                                          motor.c
    #include "./jissenPBL.h"
    int main()
    {
      OutputInit();

❶     OnFwdEx(OUT_BC,50,0);        // 50% のパワーで前進
      Wait(3000);                   // 3 秒間保持
❷     OnRevEx(OUT_BC,50,0);        // 50% のパワーで後退
      Wait(2000);                   // 2 秒間保持
❸     Off(OUT_BC);                  // 停止
    }
```

・プログラムの解説 4-3) 4-4) 4-5) 4-6)

　OnFwdEx(OUT_BC, 50, 0) は，EV3 の出力ポート B と C に接続したモータを前進（順回転）するための命令です．この命令で，モータのパワーを 50% と設定しています．次の Wait(3000) は，前の命令 OnFwdEx(OUT_BC, 50, 0)（前進）を保持する待機命令です．() の中の数字には，状態を保持する時間を指定します．この数字の最小単位は，1/1000 秒であり，3000 と指定すると 3 秒となります．これらの命令❶で，左右両方のモータが 3 秒間順方向に回転することで，ロボットは前進します．次に，❷では，逆方向に回転する命令の OnRevEx(OUT_BC, 50, 0) と待機命令の Wait(2000) が実行され，2 秒間後退します．その後，❸の Off(OUT_BC) により，モータ B と C を停止します．

4-3) OnFwdEx( )
順方向の回転命令
OnFwdEx(出力ポート，パワー，ブレーキ);
出力先のモータを指定したパワーで順方向に回転します．

4-4) OnRevEx( )
逆方向の回転命令
OnRevEx(出力ポート，パワー，ブレーキ);
出力先のモータを指定したパワーで逆方向に回転します．

4-5) Wait( )
状態の保持
Wait(時間);
指定した時間だけ直前の状態を保持します．

4-6) Off( )：停止
Off(出力);
指定した出力を停止します．

4.2.3 動作（実行）の確認

EV3-SW の場合は，§3.4.1 を参考にプログラムを転送してください．NXC の場合は，§3.4.2 もしくは §3.4.4 を参考にプログラムをコンパイルした後，EV3 へプログラムを転送してください．では，EV3 本体の中心の決定ボタンを押してプログラムを実行してみましょう．ロボットは 3 秒間前進してから 2 秒間後退して停止しましたか？ロボットの動きを注意して観察してください．

もし，思った通りに動かないのであれば，もう一度アルゴリズムを考え直し，プログラムを修正してください．間違い（エラー）を発見して，修正し，再度実行（トライ）してみましょう．この**トライ＆エラー**を何度も繰返していくことが，プログラミングを上達する一番の近道となります．

4.3 ロボットを旋回させるには（モータ制御 2）

ロボットをその場で旋回させるにはどうすればよいかを学びます．
- → 旋回
- → 繰返し命令

4.3.1 ロボットを右旋回させる

ロボットを前進させるには，両方のモータを順方向に回転させました．ロボットをその場で旋回させるには，以下の 2 種類の方法があります．

(a) 片方のモータを順方向に回転，もう片方のモータを逆方向に回転
(b) 片方のモータを順方向に回転，もう片方のモータを停止

上記の 2 種類の方法は，図 4.4 のように，それぞれ旋回の中心が変わるので，目的に応じて利用するとよいでしょう．ここでは，ロボットをその場で右旋回させましょう．そのためには，図 4.4(a) のように，ポート B のモータを順方向に回転，ポート C のモータを逆方向に回転させます．

ロボットが 3 秒間前進した後，2 秒間右旋回して停止するというプログラムを考えてみましょう．アルゴリズムの PAD を図 4.5 に示します．

4.3 ロボットを旋回させるには（モータ制御 2）

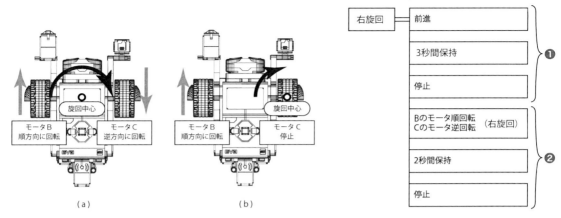

図 4.4　2種類の旋回

図 4.5　右旋回のプログラムの PAD

アルゴリズムの EV3-SW と NXC のプログラムは次のようになります．

■ EV3-SW プログラム

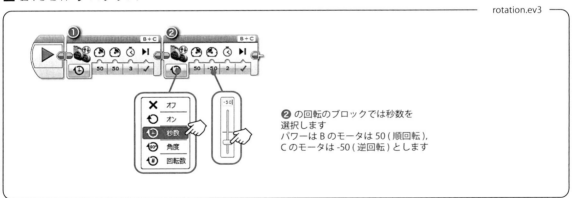

・プログラミングブロックの解説

　52 ページで作成したプログラム (motor.ev3) の❷のタンクブロックを変更します．今回は前進した後，2秒間その場で右旋回させたいので，ブロック❷により B のモータを順方向に C のモータを逆方向に回転させます．このとき，B のパワーを **50** に，C のモータのパワーを **-50** とします．今回は停止のタンクブロックは省略します．あとは，[秒] を 2 秒に変更して完成です．

■ NXC プログラム

rotation.c

```
#include "./jissenPBL.h"
int main()
{
  OutputInit();

❶ OnFwdEx(OUT_BC,50,0);
  Wait(3000);                    //3秒間前進し停止
  Off(OUT_BC);

❷ OnFwdEx(OUT_B,50,0);           //Bのモータを順回転
  OnRevEx(OUT_C,50,0);           //Cのモータを逆回転
  Wait(2000);                    //2秒間保持しなさい
  Off(OUT_BC);                   //停止しなさい
}
```

・プログラムの解説

❶の処理は foward.c と同じなのでここでは省略します．❷の OnFwdEx(OUT_B, 50, 0) は，ポート B に接続したモータをパワー 50 で順方向に回転する命令です．OnRevEx(OUT_C, 50, 0) は，ポート C に接続したモータをパワー 50 で逆方向に回転する命令です．Wait(2000) で，前命令の OnFwdEx(OUT_B, 50, 0)（順方向）と OnRevEx(OUT_C, 50, 0)（逆方向）の状態を 2 秒間保持します．これらの命令で，ロボットがその場で 2 秒間右旋回します．その後 Off(OUT_BC) により，モータ B と C を停止します．

4.3.2　ロボットをその場で 90 度旋回させるには

ロボットの向きを指定した角度だけその場で旋回させるには，どうすればよいでしょうか？その方法として，

1. 時間指定によるモータの制御
2. 回転角度によるモータの制御

があります．1. の時間指定によるモータの制御方法では，タンクブロックや Wait 命令でモータを回転する時間を指定します．しかし，ロボットが旋回するとき，床が板張りとカーペットでは同じ時間を指定しても，旋回する角度

は異なります．時間指定によるモータ制御では，ロボットを思い通りに動かすために，様々な場所（環境）で試行錯誤を繰り返す必要があります．

2. のモータの回転角度の制御では，EV3のモータの軸の回転角度を指定します．左のモータのパワーを50，右のモータのパワーを-50，回転角度を180度と指定すると，ロボットを90度右旋回させることができます．回転角度によるモータの制御では，床の影響やパワーの変化，電池残量による影響が受けにくくなります．いろいろな方法で90度旋回するように調節してみて下さい．[4-7)]

4.3.3 一周するには（for 文，ループブロック）

ロボットを一周させるにはどうすればよいでしょうか？前進と90度の右旋回を図4.6のように4回繰り返すとロボットは一周して元の位置に戻ってきます．このアルゴリズムのPADを図4.7に示します．

4-7) NXCでもモータの回転角を指定できますが，1つの命令で1つのモータ制御となるため，同じタイミングで回転させるには少し工夫が必要です．

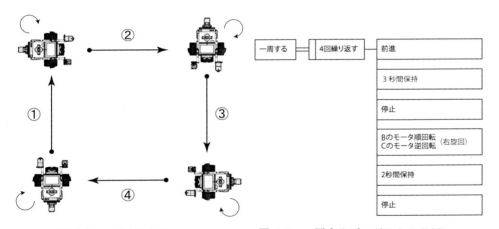

図 4.6　一周するには　　図 4.7　一周するプログラムの PAD

このPADをプログラムにするには，EV3-SWでは，図4.8(a)のように，ブロックを8個並べることになります．NXCでは，図4.9(a)のように前進して90度旋回するプログラムを4回書けばよいことがわかります．では，ロボットを100周させるにはどうすればよいでしょうか？　前進と旋回を400回繰返せばロボットは100周しますが，2400行のプログラムを書く必要があります．それではあまりにも大変ですし，間違えて入力するかもしれません．このように，同じことを何回も行う場合は，繰返し命令を使います．

■ EV3-SW プログラム

EV3-SW で繰返しを実行するには，図 4.8(b) のようにループブロックを用います．for 文と同じように繰り返して実行する動作（前進して旋回する）をループの中に入れます．ループの繰返し回数を 400 に設定すると，ロボットは 100 周します．

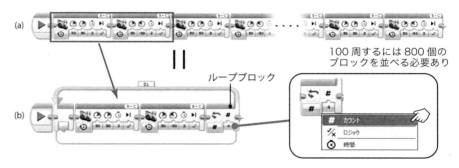

図 4.8 ループブロックによる 1 周するプログラム (EV3-SW)

■ NXC プログラム

NXC では，繰返し命令に，for 文[4-8]を使用します．for 文は条件を満たすまで任意の処理を繰り返します．図 4.9(b) のように，for 文の ( ) 中に繰返しの条件を，{ } の中には繰り返す処理を記述します．条件を 400 回繰り返すように設定 (i<400) すれば，ロボットは文句も言わずに 100 周するわけです．

次に，繰返し命令である for 文を while 文に変更してみましょう．while 文の ( ) 中の条件を true にすると，ロボットは延々と前進と旋回を繰り返します．この終わりの無い繰り返しを**無限ループ**といいます．この場合，ロボットは，キャンセルボタンを押すか，電池がなくなるまで動き続けます．

[4-8] for( )
反復構造
for(初期値; 繰返しの条件; 後処理)

例:10 回繰り返すとき
for(i=0;i<10;i++){
　　繰り返す内容
}

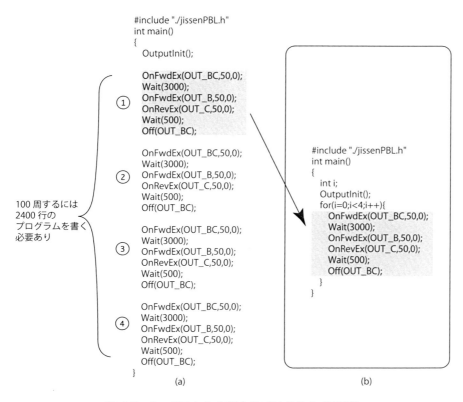

図 4.9 for 文による 1 周するプログラム (NXC)

4.4 効率の良いプログラムをつくるには

ロボットを何度も動かしてトライ&エラーを繰り返すことでプログラムは変化していきます．また，多くの開発者は，他の人のプログラムを参考にしてより良いプログラムを作成します．そのときには，機能ごとにプログラムをまとめたり，他の人にも見やすいきれいなプログラム作りを心がけています．本節では，きれいなプログラムを書くコツとして，EV3-SW ではブロック間のデータのやりとりとマイブロックについて，NXC では関数化と #define 文について説明します．

4.4.1　ブロック間のデータのやりとり (EV3-SW)

EV3-SW は，ブロックの間でデータの入出力を行うことができます．ブロックの間のデータのやりとりは，**データワイヤ**によって接続します．データワ

イヤは，図 4.10 のように，種類によって形や色が異なります．図 4.11 では，カラーセンサの読み取り値をタンクブロックの回転数へ数値データとして送ります．カラーセンサが黒を認識した場合は，1 という値がタンクブロックに送られて，モータは 1 回転します．[4-9)]

[4-9)] 黒以外の色の値は，5.4 節の図 5.12 を参照してください．

図 **4.10** データの種類とデータワイヤ

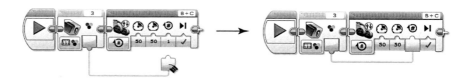

図 **4.11** データのやりとり

4.4.2　マイブロック (EV3-SW)

　マイブロックは，自分で好きなブロックを組み合せて作るブロックです．プログラム中にブロックの同じ組合わせがいくつもあるときや，複数のプログラムで同じ組合せをよく使う場合には，そのブロックの組合せをマイブロック化して 1 つにまとめておきます．マイブロックは，再利用が可能ですので，効率の良いプログラム開発ができ，プログラムの見た目がとてもすっきりします．

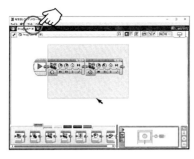 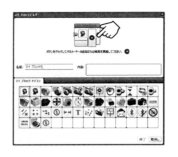 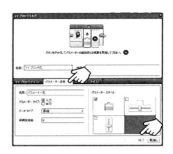

(a) ブロックを選択　　　(b) マイブロックビルダー　　　(c) パラメータ設定

図 **4.12**　マイブロック化

・マイブロック化の手順

　マイブロック化したい複数のブロックをドラッグ操作して，図 4.12(a) のように選択します．選択した後，EV3-SW ウインドウ上段の"ツール"の"マイブロックビルダー"というボタンを押してください．すると，図 4.12(b) のようにマイブロックビルダーというウィンドウが開きます．

　マイブロック名を決め，必要であればブロックの内容を書きます．マイブロック名は半角英数文字しか入力できないので注意しましょう．そして，マイブロックアイコンを選択します．次に，このブロックに入出力機能を持たせるかどうかを決めます．マイブロックに値を入力したり，マイブロック内で計算したり，得た値をほかのブロックで使用する場合は，図 4.12(b) のようにマイブロックの中心の"+"をクリックします．すると，図 4.12(c) に示すように，マイブロックに入出力を示す部分と"パラメータ設定"と"パラメータアイコン"タブが増えます．"パラメータ設定"タブを選択して，パラメータ名や入出力，データタイプ，パラメータスタイルをそれぞれ設定します．また，"パラメータアイコン"タブからアイコンも選択します．設定が終わったら終了ボタンを押してマイブロックの作成を完了します．

　マイブロック化の作業が完了すると，最初に選択したブロックがマイブロックに置き換えられています．作成したマイブロックを使用するには，図 4.13 のようにプログラミングパレットの一番右のタブを選択し，マイブロックを表示してプログラミングキャンバスにドロップします．

4-10）ランダムブロック

ランダムな値を出力します．「数値」では，上限値と下限値を設定することができ，「ロジック」では，真の出力確率を設定することができます．結果の出力はデータワイヤを使用します．

4-11）数学ブロック

数値計算を行うブロックです．基本機能として，和，差，商，積，絶対値，平方根，指数の計算を行うことができます．「拡張機能」を選択すると，任意の計算を行うことができます．結果の出力はデータワイヤを使います．

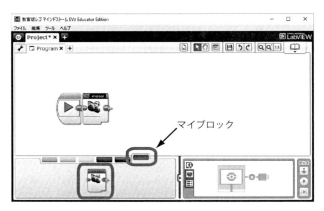

図 4.13 マイブロックの利用

・マイブロック間のデータのやりとり

マイブロックにおけるデータのやりとりは，図 4.14 のように，データワイヤをつないだ状態で選択してマイブロック化すると，値のやりとりができます．図 4.14 のプログラムは，2 つの乱数（ランダムブロック）[4-10] をマイブロックに入力して平均[4-11]を求め，平均値を表示ブロック[4-12]でディスプレイに表示します．

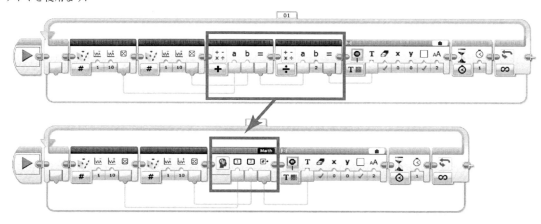

図 4.14 引数，戻り値つきのマイブロック

マイブロック化した中身は図 4.15 のようになります．数学ブロックの足し算①と割り算②により平均を求め，出力③によりデータを出力します．

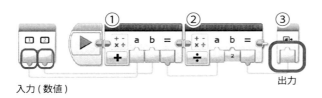

図 4.15　マイブロックの内容

4-12)　表示ブロック
EV3本体の液晶画面にテキストや図形を表示することができます．
表示ブロックの詳しい説明は，6.1節の「ディスプレイ表示」にあります．

4.4.3　関数化 (NXC)

　関数は，ロボットのある動作（たとえば，前進して右旋回）を一つの機能としてまとめたものです．プログラムの一部を関数にすることを関数化と呼びます．動作ごとに関数化することで，プログラムがすっきりして見やすくなります．また，共通部分を関数化することによって，同じような変更箇所が複数あった場合にも，一つの関数を直すだけで済みます．このようにプログラムの手直しが楽になったり，新しくプログラムを作る際には，すでに作成した関数（機能）を再利用すればよいため，効率よくプログラムを作成することができます．

・関数と引数

　プログラミング言語では，よく使う機能があらかじめ関数として用意されています．これまで使ってきた`OnFwdEx`命令や`Wait`命令はNXCで用意されている関数です．また，自分で関数を作ることも可能です．図4.16では①の網掛けの部分を関数化したものが②になります．さらに③では引数[4-13]を持つ関数となります．関数は，引数として受け取った値を用いてロボットを動かしたりします．関数に渡す引数の値を変えることで，同じ関数でもループを繰り返す回数やモータを動かす時間などを変えることができます．図4.16の③は，①と比べて関数`main()`の中がすっきりして，何をロボットにさせたいか理解しやすいことがわかります．関数化する際は，あとから見て何をしているか，わかるように関数名[4-14]をつけるとよいでしょう．

4-13)　引数
関数に渡す値を実引数，関数で変数として扱うものを仮引数と呼びます．実引数と仮引数の総称が引数です．

4-14)　関数化する際には関数の名前（関数名）を付けます．本書では，関数名を何をする関数かわかるように○○_○○ とアンダースコアでつないで使用しています．
例：`turn_right()`

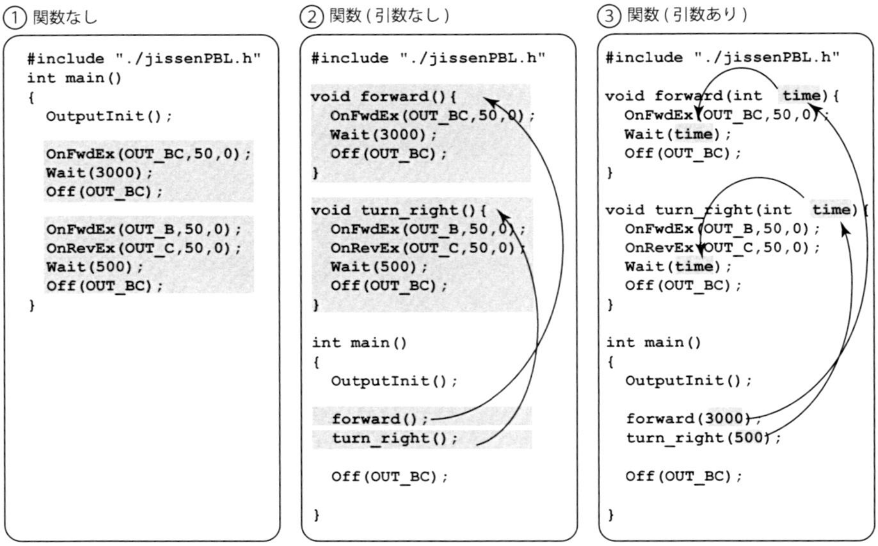

図 4.16 関数化のトリック

① 関数なし

```
#include "./jissenPBL.h"
int main()
{
  OutputInit();

  OnFwdEx(OUT_BC,50,0);
  Wait(3000);
  Off(OUT_BC);

  OnFwdEx(OUT_B,50,0);
  OnRevEx(OUT_C,50,0);
  Wait(500);
  Off(OUT_BC);
}
```

② 関数（引数なし）

```
#include "./jissenPBL.h"
void forward(){
  OnFwdEx(OUT_BC,50,0);
  Wait(3000);
  Off(OUT_BC);
}

void turn_right(){
  OnFwdEx(OUT_B,50,0);
  OnRevEx(OUT_C,50,0);
  Wait(500);
  Off(OUT_BC);
}

int main()
{
  OutputInit();

  forward();
  turn_right();

  Off(OUT_BC);
}
```

③ 関数（引数あり）

```
#include "./jissenPBL.h"
void forward(int time){
  OnFwdEx(OUT_BC,50,0);
  Wait(time);
  Off(OUT_BC);
}

void turn_right(int time){
  OnFwdEx(OUT_B,50,0);
  OnRevEx(OUT_C,50,0);
  Wait(time);
  Off(OUT_BC);
}

int main()
{
  OutputInit();

  forward(3000);
  turn_right(500);

  Off(OUT_BC);
}
```

・戻り値

　関数は戻り値により，関数内で計算した結果を呼び出し元の関数（たとえばmain()）に戻すことができます．これにより，関数と関数の間でデータのやりとりをすることができます．

```
#include "./jissenPBL.h"

void forward(int time){
  int t;
  OnFwdEx(OUT_BC,50,0);
  Wait(time);
  t = time*2;
  return t;           //t の値を戻り値とする
}

void backward(int time){
  OnRevEx(OUT_BC,50,0);
  Wait(time);
}

int main()
{
  int wtime;
  OutputInit();       //モータの初期化

  wtime = forward(500);  //戻り値を wtime に代入
  backward(wtime);
  Off(OUT_BC);
}
```

このプログラムは，関数 forward() をコールした際に，500 が引数として変数 time に代入されます．OnFwdEx 命令により，ロボットは 0.5 秒前進します．その後，変数 time の値を 2 倍し，変数 t に代入します．さらに return 文により，変数の値を戻り値として，関数 main() 内の変数 wtime に代入します．次に，変数 wtime の値を引数として，関数 backward() が動作します．

4.4.4 #define (NXC)

　NXC プログラムでは，同じ数値（モータのパワー，前進時間，回転時間など）がプログラム中で何度も使用されます．実際にロボットを動かして調整するには，これらの**パラメータ**[4-15]を変更する必要があります．このような場合に，プログラム中にあるすべてのパラメータの値を変更する作業は，大変な手間がかかる上にプログラムミスを引き起こす原因にもなります．そこで C 言語では，定義された規則でプログラム中の文字を別の文字列に置き換えるマクロ定義を利用します．たとえば，下記のマクロ定義では，プログラム中でモータのパワーを示す "50" という文字列を "POW" という文字列と定義します．これにより，その後出現する "POW" は全て "50" に置き換えられます．#define により定義した 1 行を修正するだけで，プログラム内のすべてのパラメータを変更することができます．56 ページの rotation.c で使用する時間とパワーのパラメータを#define を用いて定義すると次のようになります．[4-16]

[4-15] パラメータ
ロボットを実行するときに，動作を指定するために外部から与える設定値

```
#define MOVE_TIME 3000
#define TURN_TIME 2000
#define POW       50

int main()
{
    OutputInit();

    OnFwdEx(OUT_BC, POW, 0);
    Wait(MOVE_TIME);         // 3 秒間進んで停止
    Off(OUT_BC);

    OnFwdEx(OUT_B, POW, 0);  // B のモータを 50 のパワーで正回転
    OnRevEx(OUT_C, POW, 0);  // C のモータを 50 のパワーで逆回転
    Wait(TURN_TIME);         // 2 秒保持しなさい
    Off(OUT_BC);             // 停止しなさい
}
```

[4-16] #define <マクロ名> <置き換える文字列> で定義します．本書では，マクロ名（文字列）は変数名と区別しやすくするために大文字で記述します．

上記のプログラムでは，前進する時間を MOVE_TIME，回転の時間を TURN_TIME，モータのパワーを POW と定義しています．もし，回転時間を変更したい場合

は，#define TURN_TIME の数値 2000 を変更します．数値ではなく意味のある文字列にしておくことで，何をするための数値か明確になり，プログラムの可読性が良くなります．

4.4.5 スパイラル軌跡を描く

これまでに学んだモータ制御とマイブロックや関数化を使用して，ロボットに複雑な軌跡を描かせてみましょう．図 4.17 のように前進する距離が増えていくスパイラルの軌跡を描くロボットは，どのように考えたらよいでしょう？

まずは，図形からロボットの動作の法則を見つけます．図 4.17 をみると，スパイラル軌跡は「ある一定の距離を進んだ後，90 度右旋回する」の繰返しであることが分かります．繰返しの回数と前進距離，旋回の関係は，表 4.2 のように，回数が 1 増えるごとに距離が 10cm 増えていることがわかります．したがって，ロボットの前進距離は以下の式で求めることができます．

$$前進距離 [\text{cm}] = 回数 \times 10 [\text{cm}]$$

では，ロボットを任意の距離だけ前進させるためには，どうすればよいでしょうか？そこで，ロボットのタイヤが 1 回転すると何 cm 進むかを知る必要があります．実際のロボットをタイヤ 1 回転分前進して距離を測ってみてもよいですし，タイヤの直径 (5.6cm) から算出してもよいでしょう．タイヤ 1 回転あたりの進む距離は，図 4.18 のように実際のロボットで測定すると約 17.6cm です．したがって，ロボットを $x$cm 前進するには，モータの回転角度を

$$モータの回転角度 [°] = 前進する距離\ x[\text{cm}] \times \frac{360[°]}{17.6[\text{cm}]}$$

と求めることができます． [4-17)]

[4-17)] $\dfrac{360[°]}{17.6[\text{cm}]} = 20.45$ となります

4.4 効率の良いプログラムをつくるには

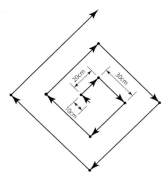

図 4.17 スパイラルを描く

表 4.2 回数と前進距離の関係

回数	前進	右旋回
1	10cm	90 度
2	20cm	90 度
3	30cm	90 度
4	40cm	90 度
5	50cm	90 度
6	60cm	90 度
7	70cm	90 度
8	80cm	90 度
9	90cm	90 度
10	100cm	90 度

回数と距離が規則性を持って増加していき，スパイラルを描く PAD を図 4.19 に示します．

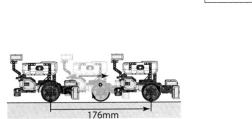

図 4.18 タイヤ 1 回転で進む距離

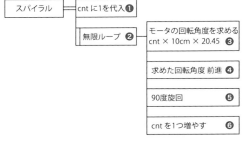

図 4.19 スパイラルを描く PAD

アルゴリズムの EV3-SW と NXC のプログラムは次のようになります．

■ EV3-SW プログラム

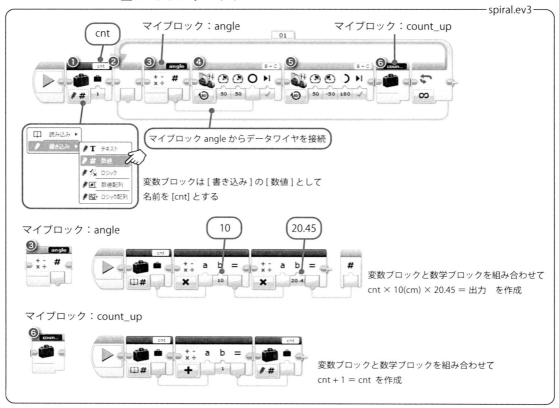

・プログラミングブロックの解説[4-18]

❶は，繰返し回数をカウントする変数ブロック「cnt」とします．cnt の初期値は 1 とします．❸のマイブロック angle は，進む距離をモータの回転角度に変換するブロックになります．❸で計算した角度をデータワイヤによって❹のタンクブロックに入力します．一定距離直進した後，❺により，ロボットはその場で 90 度旋回します．❻のマイブロック count_up により，変数ブロック cnt に 1 を加算します．❷の無限ループにより，無限に繰り返します．

4-18) 変数ブロック

テキスト，数値，ロジックを一時的に保管しておく箱のようなものです．

変数名の設定は「変数の追加」から行います．

4.4 効率の良いプログラムをつくるには

■ NXC プログラム

spiral.c

```
#include "./jissenPBL.h"
#define TURN90 500

void forward_cm(double cm){
  double angle;
❸ angle=cm*20.45;
❹ RotateMotor(OUT_BC,50,angle);
}
❺ void turn_right(int time){
  OnFwdEx(OUT_B,50,0);
  OnRevEx(OUT_C,50,0);
  Wait(time);
}

int main()
{
❶  int cnt=1;

  OutputInit();
  ButtonLedInit();

❷  while(true){
  ❸❹ forward_cm(cnt*10.0);
    ❺ turn_right(TURN90);
    ❻ cnt=cnt+1;
    if(ButtonPressed(BTN1))break;  //プログラム停止用
  }
  Off(OUT_BC);
}
```

・プログラムの解説

❶は，繰返し回数をカウントする変数 cnt を宣言し，初期値を 1 とします．関数 forward_cm() では，cnt*10.0 を引数として，変数 cm に代入されます．❸の計算により，モータの回転角度に変換し，変数 angle に代入します．❹により，モータ BC を順方向に変数 angle の値だけ回転します．その後，関数 main() に戻り，❺を実行し，ロボットは 90 度旋回します．❻によりカウント値が 1 増えます．❷の無限ループにより，前進と右旋回を無限に繰り返します．

■■ 演習問題 ■■

・基本問題

4-1. モータのパワーを 50, 75, 100 と変化させたとき，ロボットが 5 秒間に前進する距離を調べて，パワーと距離の関係をグラフに描いてみましょう．

4-2. 45 度に旋回するように調整してみましょう．

4-3. 前進，旋回を繰返して 2 周まわるようにしてみましょう．

・応用問題

4-4. 三角形に動くロボットにしてみましょう．

4-5. 下図のような星形や軌跡（円形スパイラル）を描くようにしましょう．

ヒント：円形スパイラルは左右のモータのバランスを徐々に変えていくとよいでしょう．

5 LEGOロボットのセンサを利用しよう（基礎編）

　LEGOロボットをセンサからの情報を用いて動かしてみましょう．本章では，センサを用いたロボット制御として，障害物回避とライントレースについて学びます．

> **この章のポイント**
> → タッチセンサと超音波センサによる障害物回避
> → ジャイロセンサによるロボットの旋回
> → カラーセンサによるライントレース

5.1 タッチセンサによる障害物回避

　「ロボットが障害物にぶつかったら，停止する」という動作はどうすれば実現できるでしょうか？　LEGO Mindstorms EV3にはタッチセンサがあります．タッチセンサは，センサのスイッチが押されたときに情報を伝えるセンサです．タッチセンサを用いることで，障害物にぶつかったことを知ることができます．

　ここでは，タッチセンサから得られる情報をもとに，条件分岐により障害物を回避する方法について学びます．

5.1.1 タッチセンサの接続

　タッチセンサを使用するには，ワイヤーコネクタの一方をタッチセンサに接続し，もう一方をEV3の入力ポートに接続します．先に組み立てたロボットは，図5.1のように，入力ポート1にタッチセンサが接続されており，ロボットの左前方に付けられています．センサを使用するには，どの入力ポートに，どの種類のセンサを接続しているかを確認しておく必要があります．

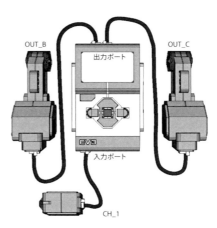

図 **5.1** タッチセンサの接続

5.1.2 タッチセンサによる障害物回避（if 文，スイッチブロック）

図 5.2 のように，常に前進し，障害物にぶつかると回避するロボットを作成します．では，障害物回避のアルゴリズムを，まず人間の言葉で書いてみましょう．

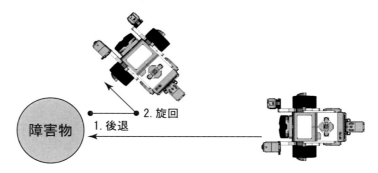

図 **5.2** タッチセンサによる障害物回避

1. 常にロボットを前進
   → 無限ループの利用

2. タッチセンサが押されたら，障害物に衝突したと判定
   → 条件分岐による場合分け

3. 衝突と判定したら，ロボットを一定の距離後退し，右旋回して進行方向を変える．その後，1. に戻る．

これを PAD で表すと，図 5.3 のようになります．

図 5.3 タッチセンサによる障害物回避の PAD

ロボットを 10cm 後退させるためには，§4.4.5 で説明したモータの回転角度を用います．今回のプログラムでは，ロボットは 10cm 後退する必要があります．アルゴリズムの EV3-SW と NXC のプログラムは次のようになります．

■ EV3-SW プログラム

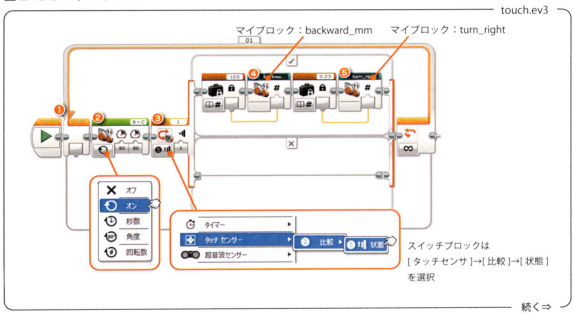

・プログラミングブロックの解説

処理を繰り返すためにループブロック❶を置きます．設定は "無限" にします．

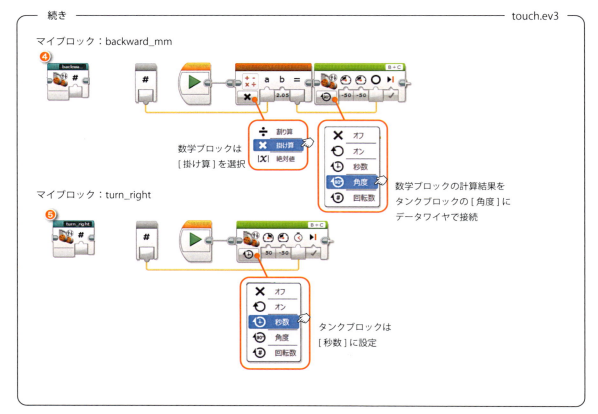

5-1) スイッチブロック

センサの状態や条件に応じて，処理を分岐するときに用います．条件を満たす（真）と上段が実行され，それ以外（偽）は下段が実行します．

5-2) タッチセンサを使用したスイッチブロックの判断条件は，
"0 押されていない（離れた）"
"1 押された"
"2 バンプ（押して離れる）"
があります．

　前進するためにループの中にタンクブロック❷を置きます．設定は"オン"とします．オンは，一瞬だけ前進した後，すぐに次の処理（ブロック）に移ります．ここでは無限ループ中で繰り返すので，常に前進することになります．次に，障害物にぶつかったかどうかを判断するためにスイッチブロック❸ 5-1)を用います．スイッチブロックは，条件に応じて処理を分岐する際に使用します．スイッチブロックのモード選択から［タッチセンサー］の［比較］［状態］を選びます．また，スイッチブロックの判断条件をタッチセンサの"1 押された"とします．5-2) これでロボットがタッチセンサの状態から，障害物にぶつかったかどうかを判断できるようになります．

　次は，障害物回避の処理を作ります．衝突したときの処理はスイッチブロックの上段に記述します．衝突していないときに行う処理は下段に記述しますが，今回はありません．障害物に衝突したら，回避するために❹のマイブロック(backward_mm)で 10cm 後退し，❺のマイブロック(turn_right)で右旋回し

て向きを変えます．今回は，定数ブロック[5-3]を使用して 100 mm と 0.25 秒という値が設定してあり，それぞれのマイブロックの中へ値を入れます．❹のマイブロック backward_mm では，数学ブロック[5-4]を使用して，距離 (100mm) からモータの回転角度を算出しています．数学ブロックで求めた結果を次のタンクブロックの角度へデータワイヤでつないでいます．これにより，指定した距離だけ後退します．❺のマイブロック turn_right も同様に，定数ブロックを使用して "秒" の部分にデータワイヤがつながり，旋回時間（0.25 秒）を入力して右に 45 度旋回します．

スイッチブロック内の処理が終了すると，❶の無限ループにより，❷の前進を繰り返します．再びタッチセンサが ON になれば❹❺のブロックで障害物回避の処理が実行されます．

■ NXC プログラム

5-3) 定数ブロック

あらかじめ決められた値または文字を格納しておくことができます．定数ブロックからデータワイヤを使用して他のブロックへと数値や文字を代入することができます．

5-4) 数学ブロック

和差積除算などの計算を行うことができるブロック．決められた数値やデータワイヤを使用して他のブロックへと数値を代入することができます．"拡張機能" を選択すると，自分で数式を作成することもできます．

```
                                                          touch.c
#include "./jissenPBL.h"

#define  TURN45   250
#define  POW 50

void backward_mm(double mm){           // 後退
   double angle;
   angle=mm*2.05;                      // 後退距離を角度に計算
   RotateMotor(OUT_BC,POW,angle);
}

void turn_right(int time){             // 右旋回
   OnFwdEx(OUT_B,POW,0);
   OnRevEx(OUT_C,-POW,0);
   Wait(time);
}

int main()
{
   OutputInit();                       // モータ初期化
   initSensor();                       // センサ初期化
   ButtonLedInit();                    // ボタン初期化

   setSensorPort(CH_1,TOUCH,0);        // ポート1をタッチセンサに設定
   startSensor();

   while(true){
     OnFwdEx(OUT_BC);
     if(getSensor(CH_1)==1){           // タッチセンサの値を読み取る
       backward_mm(100.0);
       turn_right(TURN45);
     }
     if(ButtonPressed(BTN1))break;
   }
   Off(OUT_BC);
   closeSensor();
}
```

5-5) setSensorPort( )
センサ使用の宣言
setSensorPort(入力ポート番号, センサタイプ, モード);
getSensor(入力ポート番号) タッチセンサの状態を数値(0, 1)で読み取る

5-6) if()
条件分岐
if(条件式){
　条件を満たす場合
}

例：i が 1 のときに実行する
if (i==1){
　i が 1 のときに実行する内容
}

・プログラムの解説[5-5][5-6]

　setSensorPort(CH_1,TOUCH,0) は，入力ポート CH_1 をタッチセンサとして使用する宣言です．タッチセンサの状態を取得するには getSensor 命令を用い，押されると 1，押されていないときは 0 となります．C 言語では，条件に応じて処理を分けるときには if 文を用います．この if 文による処理は，条件が満たされたときのみ（タッチセンサが押された），その後に続く {} で囲まれた処理を 1 度だけ実行します．

　プログラムでは，❷の（B と C のモータを順方向に回転）処理を，❶の while(true) により無限に繰り返すことで常に前進します．❸の if 文により，タッチセンサが押されたときだけ，❹の後退と❺の右旋回を実行します．

　後退と右旋回は，それぞれ関数 backward_mm( )，関数 turn_right( ) としてプログラムをまとめています．❹では，引数として 100.0 という値が関数 backward_mm( ) の変数 mm に代入されます．その後，求めたモータの回転角度を変数 angle に代入し，RotateMotor 命令により，モータを変数 angle の値として指定した角度だけ順方向に回転します．次に❺の右旋回を実行します．モータのパワーと右旋回の時間は，あらかじめ #define を用いてプログラムの最初に定義しているので，パワーの変更や右旋回の時間調整は，行頭部分の TURN45 と POW の数値を変更するとすべての設定値に反映されます．

・比較演算子

　if 文の条件に利用する「==」などを **比較演算子** といいます．
比較演算子は以下の種類があります．

　　式 1　==　式 2　式 1（の値）は式 2（の値）に等しいかどうか
　　式 1　!=　式 2　式 1 は式 2 と異なるかどうか
　　式 1　<　 式 2　式 1 が式 2 より小さいかどうか
　　式 1　<=　式 2　式 1 が式 2 より小さいかそれに等しいか
　　式 1　>　 式 2　式 1 が式 2 より大きいかどうか
　　式 1　>=　式 2　式 1 が式 2 より大きいかそれに等しいか

　一般的に数学で使われる $a = 1$ という記述は，プログラムの世界では **代入** として処理されてしまうので注意が必要です．

5.2 超音波センサによる障害物回避

超音波センサは,人間の耳では聞こえない超音波という音を出力して,物体に反射して戻ってくるまでの時間から距離を計測します.超音波センサを用いることで,障害物にぶつかりそうになることを知ることができます.

ここでは,超音波センサから得られる情報をもとに条件分岐により障害物を回避する方法について学びます.

5.2.1 超音波センサの接続

超音波センサを使用するには,ワイヤーコネクタの一方を超音波センサに接続し,もう一方を EV3 の入力ポート 4 に接続します.先に組み立てたロボットは,図 5.4 に示すように入力ポート 4 に超音波センサが接続されています.超音波センサを取付ける際には,自身のロボットのパーツやケーブルを誤って障害物と判定しないように,センサの位置と向きに気をつけて取付けてください.

LEGO ロボットの超音波センサは,ロボットの顔のような形をしています.このロボットの目のような形のスピーカーから,超音波[5-7]を出力します.この音が障害物に当たり反射して戻ってくるまでの時間を図 5.5 のように計測し,障害物までの距離を取得しています.[5-8]

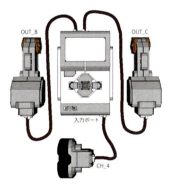

図 5.4 超音波センサの接続

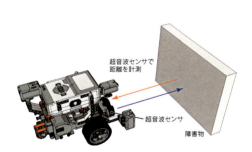

図 5.5 超音波センサのしくみ

[5-7] 超音波とは
日本工業規格 (JIS) では正常な聴力を持つ人に聴感覚を生じないほど周波数が高い音波とあります.人間の聞こえる音が 20Hz(ヘルツ)から 20kHz と言われていますので,20kHz 以上の音を超音波とよびます.超音波は様々なところで利用されており,釣り船の魚群探知機や,身近なところでは,自動車のコーナーセンサなどに利用されています.一般的な超音波センサの周波数は 40kHz 程度です.EV3 セットに付属の超音波センサの周波数は残念ながら公開されていません.

[5-8] 音(超音波)は,約 340m/s の速度で空中を伝搬します.超音波が物体に反射して戻ってくる距離を $L[m]$ としましょう.例えば,反射波が 0.00176 秒で戻ってきたとすると
$L = 0.00176 * 340$
$L = 0.5984[m]$
つまり約 60cm となります.これは,超音波が障害物まで行き,反射して戻ってくる長さとなるので,障害物との距離はその半分 30cm となります.

5.2.2 超音波センサによる障害物回避

　超音波センサを使用すると，接触する前に障害物を見つけることができます．タッチセンサを用いた場合は，障害物に衝突した後，いったんロボットを後退する必要がありましたが，超音波センサを用いた場合は，図 5.6 のように後退する動作は必要ありません．

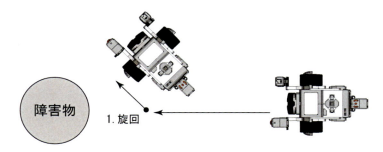

図 5.6　超音波センサによる障害物回避

　ここでは，ロボットが常に前進し，もし障害物との距離が 30cm より小さくなったとき，進行方向を変えるという動作を考えてみましょう．アルゴリズムの PAD は，図 5.7 のようになります．

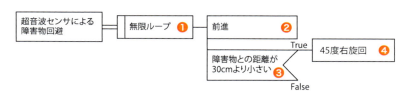

図 5.7　超音波センサによる障害物回避の PAD

　アルゴリズムの EV3-SW と NXC のプログラムは次のようになります．

■ EV3-SW プログラム

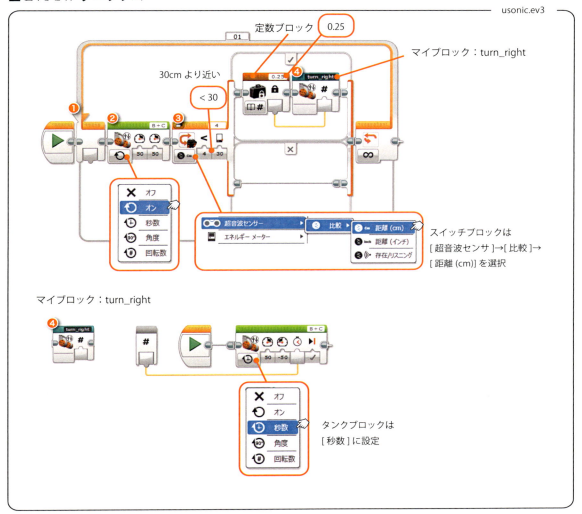

・プログラミングブロックの解説

超音波センサをスイッチブロックで利用するには，❸のスイッチブロックの［センサー］を"超音波センサー"にします．また，"比較"→"距離(cm)"を選択し，30cm 未満（距離<30cm）と設定します．これにより，障害物との距離が 30cm より小さくなると，スイッチブロックの上段にある処理❹を実行します．その場で右旋回し，再び❶のループにより❷の移動ブロックによる前進を繰り返し実行します．

■ NXC プログラム

usonic.c

```
#include "./jissenPBL.h"
#define TURN45 250

void turn_right(int time){
❹  OnFwdEx(OUT_B,50,0);
   OnRevEx(OUT_C,50,0);
   Wait(time);
}

int main()
{
   OutputInit();
   initSensor();
   ButtonLedInit();

   setSensorPort(CH_4,USONIC,0);    //センサを超音波センサに設定
   startSensor();

❶  while(true){
❷    OnFwd(OUT_BC);
❸    if(getSensor(CH_4)<300){       //センサ値が300mmより小さい?
❹      turn_right(TURN45);
     }
     if(ButtonPressed(BTN1))break;  //プログラム停止用
   }
   Off(OUT_BC);
   closeSensor();
}
```

5-9) setSensorPort( )
超音波センサ使用の宣言
setSensorPort(入力ポート, USONIC, モード);
getSensor(入力ポート番号) 超音波センサの値を読み取る

・プログラムの解説[5-9]

　setSensorPort(CH_4,USONIC,0)は，超音波センサを使用するポート番号とモードを指定します．超音波センサは，障害物までの距離を [mm] の単位で計測します．超音波センサの値は，getSensor 命令により取得できます．❸では，超音波センサの読み取り値を if 文により判定します．判定条件は，(getSensor(CH_4)<300) となるため，障害物までの距離が 300mm より小さいと❹の右旋回による回避動作を実行します．タッチセンサとは違い，障害物に衝突していないので後退する必要はありません．

5.3 ジャイロセンサによるロボットの旋回

ジャイロセンサ[5-10]は，EV3から新しく追加されたセンサです．ロボットの旋回角度と角速度を高精度に取得することができます．トレーニングロボットのジャイロセンサは，図5.8のように入力ポート2に接続しています．EV3のジャイロセンサは1軸のセンサであるため，図5.9のようにジャイロセンサに対して回転方向の角度の値を出力します．そのため，取付け位置には注意が必要です．

[5-10] 一定間隔で動作する物体に回転力を加えると，物体は元の位置にとどまろうとします．この原理を用いたセンサがジャイロセンサです．EV3のジャイロセンサの中にも非常に小さな振動体が内蔵されています．

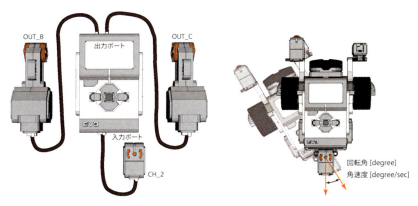

図 5.8 ジャイロセンサの接続　　図 5.9 ジャイロセンサによる旋回

ジャイロセンサの角度が90度になるまで右に旋回するロボットを考えてみましょう．アルゴリズムのPADは，図5.10のようになります．ジャイロセンサは，相対的な角度変化を出力するセンサのため，使用する前にセンサをリセットする必要があります．ここでは，まず右に旋回して角度を取得し，後処理で旋回角度の判定を行います．

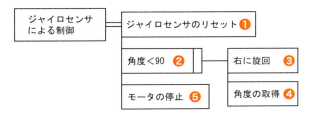

図 5.10 ジャイロセンサによるロボット旋回のPAD

アルゴリズムのEV3-SWとNXCのプログラムは次のようになります．

■ EV3-SW プログラム

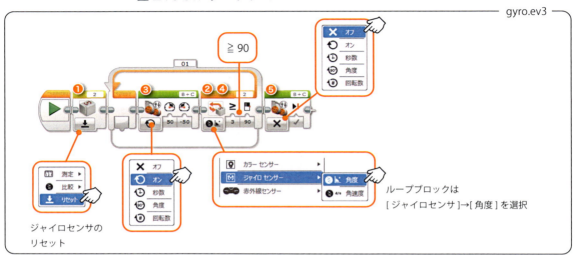

・プログラミングブロックの解説

❶のジャイロブロックを［リセット］に設定することによりジャイロセンサのリセットを行います．❷のループでは［ジャイロセンサー］の［角度］を選択し，ループの継続条件を 90 度以上（角度 ≥90°）とします．これにより，条件が満たされるまで❸のタンクブロックが動作し，90 度以上旋回するとループを抜けて❺により停止します．

■ NXC プログラム

```
#include "./jissenPBL.h"                                    gyro.c

int main()
{
  int start,current;
  OutputInit();
  initSensor();
  ButtonLedInit();

  setSensorPort(CH_2,GYRO,0);       //センサをジャイロセンサに設定
  startSensor();

❶ start=getSensor(CH_2);           //センサの初期値を変数startに代入

  do{
❸   OnFwdEx(OUT_B,50,0);
    OnRevEx(OUT_C,50,0);
❹   current=getSensor(CH_2);       //現在の旋回角度をcurrentに代入
    if(ButtonPressed(BTN1))break;  //プログラム停止用
❷ }while(current<=start+90);       //現在の旋回角度がstart+90以下か判定
❺ Off(OUT_BC);
  closeSensor();
}
```

・プログラムの解説[5-11]

最初に変数 start と変数 current を int 型として定義します．次に setSensorPort(CH_2,GYRO,0) では，ジャイロセンサを使用するポート番号とモードを指定します．ジャイロセンサの値は，getSensor 命令を用います．❶では，ロボットの最初の角度を取得して変数 start に代入します．今まで学んだ while ループは，最初にループ条件を調べ，条件を満たしていればループ内を繰り返していました．今回のプログラムは，ロボットが旋回した後の角度を調べ，条件を満たしていれば繰り返すというアルゴリズムのため，❷では，do_while 文[5-12] を使用します．do_while 文では，{} 内のプログラムが1度は実行されるため，❸によりロボットは，一瞬右旋回します．その後，❹により，旋回後の角度をジャイロセンサから取得し，変数 current に代入します．旋回角が代入されます．❷では，変数 current の値が 90 度以下であればループは継続され，それ以外の場合はループから抜け出し，❺を実行してロボットは停止します．

[5-11] setSensorPort( )
ジャイロセンサ使用の宣言
setSensorPort(入力ポート, GYRO, モード);
getSensor(入力ポート番号) ジャイロセンサの値を取得する．

[5-12] do_while 文
do {
　実行内容;
} while(継続条件式)

while 文は，その中が1度も実行されない場合がありますが，do while では，必ず1度は実行されます．

■■　演習問題　■■

・基本問題

5-1. 障害物回避をする際に音が鳴るロボットをつくってみましょう．

5-2. 超音波センサを用いて，壁から 30cm より近くなると音が鳴って停止するロボットをつくってみましょう．

5-3. 障害物回避をする際にジャイロセンサを使って 45 度旋回するロボットをつくってみましょう．

・応用問題

5-4. 超音波センサを使用して，距離によって音の高さが変わるロボットをつくってみましょう．

5.4　カラーセンサによるライントレース

EV3のカラーセンサは，図5.11のように反射光の計測と周辺光の計測の2種類の使い方があります．カラーセンサは，赤(Red)・緑(Green)・青(Blue)を発光するカラーLEDとフォトダイオードからできています．

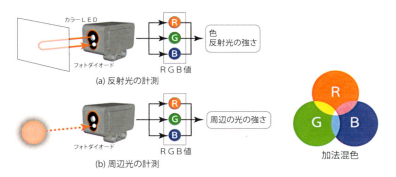

図 5.11　カラーセンサのしくみ　　　　　図 5.12　光の三原色とカラー

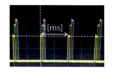

5-13) カラーセンサ
カラーセンサの発光部分は，1つのLED部分で，赤・緑・青の光を出すことができます．EV3のカラーセンサは，1msec（1/1000秒）の間隔で，3色の光を切り替えています．下の図はLEDの発光パターンをオシロスコープで測定したものです．

　　　反射光の強さを計測するモードでは，カラーLEDからの光が対象物に反射する光の強さ(R，G，B)を読み取ります．発光部分は，図5.13のように目に見えない早さ[5-13)]で発光色をR，G，Bと変え，それぞれの反射する光の量を計測してその組み合わせから対象物の色を判定しています．周辺光を計測するモードでは，光源からの明るさをフォトダイオードが読み取ります．色の判定は，読み取ったRGB値の組み合わせにより，加法混色[5-14)]の原理から黒，青，緑，黄，赤，白，茶のいずれかに判断されます（図5.12）．たとえば，図5.13のようにRとGの反射量は大きく，Bは小さいとき，ブロックの色は黄色であることがわかります．

5.4 カラーセンサによるライントレース

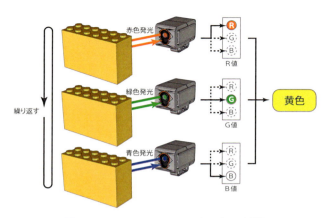

図 5.13　カラーセンサによる色の認識

5-14) 加法混色と減法混色
光の三原色（RGB）を組み合わせて色の表現を行うことを加法混色とよびます．加法混色は，ディスプレイのように黒の状態から R（赤），G（緑），B（青）の光を加えて白に近づけます．減法混色は，C（シアン），M（マゼンタ），Y（イエロー）を組み合わせて色の表現を行います．CMY すべて加えた状態が黒のため，そこから色を減らして白に近づけていきます．減法混色は家庭用プリンタや印刷業界などで利用されています．

5.4.1　カラーセンサの接続

カラーセンサを使用するには，図 5.14 のようにワイヤーコネクタの一方をカラーセンサに接続し，もう一方を EV3 の入力ポート 3 に接続します．先に組み立てたトレーニングロボットは，床面の色を認識するため，図 5.15 に示すように下向きに設置してあります．

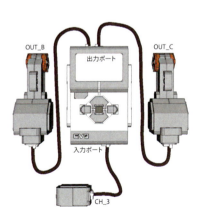

図 5.14　カラーセンサの接続

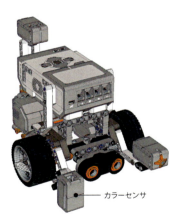

図 5.15　カラーセンサの位置

5.4.2 カラーセンサによる色の認識

図 5.16 のようにカラーセンサが床の色を認識して，対応する EV3 のステータスライトを点灯するプログラムを考えます．アルゴリズムの PAD は，図 5.17 のようになります．これまでの条件分岐は 2 つでしたが，ここでは複数（3 つ）となります．この場合 EV3-SW では，スイッチブロックに条件を追加していきます．また，NXC では，if 文ではなく，switch 文を用います．

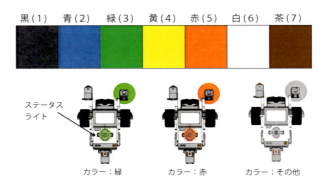

図 5.16 色認識とステータスライト

図 5.17 色認識の PAD

アルゴリズムの EV3-SW と NXC のプログラムは，次のようになります．

■ EV3-SW プログラム

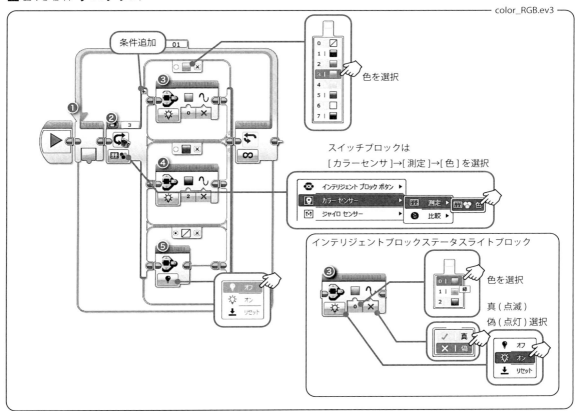

・プログラミングブロックの解説

　カラーセンサで色を読み取り，色に対応したステータスライトを点灯します．❷のスイッチブロックの［カラーセンサー］から［測定］の［色］を選択します．スイッチブロックの初期設定は2種類の分岐のため，"＋"をクリックして分岐する条件を追加します．分岐の条件には，"3 緑色"と"5 赤色"と"0 色がありません"を選択します．次に**インテリジェントブロックステータスライトブロック**5-15)を各分岐の中にドラッグします．❸のインテリジェントブロックステータスライトブロックは，カラーセンサが緑色と読み取った場合は緑色のLEDを点灯させます．点灯を示す"オン"を選択した後，［色］から"緑"を選択します．最後に［パルス］を"偽"とします．［パルス］は，"真"とすると点滅となります．❹も同様に赤色を点灯するように設定します．❺は，❸（緑）と❹（赤）以外の色を認識した場合の分岐処理となります．今

5-15) インテリジェントブロックステータスライトブロック

EV3本体のボタンの周りを点灯させるブロックです．赤，緑，オレンジの点灯・点滅が選択できます．

回のプログラムでは，カラーセンサが緑色と赤色を認識した場合は，その色のLEDを点灯させ，それ以外の色の場合は，LEDを消灯させます．そのため❺のインテリジェントブロックステータスライトブロックは"オフ"を選択します．❶の無限ループにより，無限に繰り返されるプログラムとなっています．

■ NXC プログラム

color_RGB.c

```
#include "./jissenPBL.h"

int main()
{
  initSensor();
  ButtonLedInit();

  setSensorPort(CH_3,COLOR,2);        //センサをカラーセンサに設定
  startSensor();

❶ while(true){
❷   switch (getSensor(CH_3)) {        //カラーセンサから色番号を得る
        case 3:
❸           SetLedPattern(LED_GREEN);//3の時LEDを緑に点灯
            break;
        case 5:
❹           SetLedPattern(LED_RED);   //5の時LEDを赤に点灯
            break;
        default:
❺           SetLedPattern(LED_BLACK);//その他の時LED消灯
            break;
    }
    if(ButtonPressed(BTN1))break;     //プログラム停止用
  }
  closeSensor();
}
```

5-16) setSensorPort( )
カラーセンサ使用の宣言
setSensorPort(入力ポート，COLOR, モード);
モード0：反射光の強さを測定
モード2：色を数値で読み取る
getSensor(入力ポート番号) カラーセンサの値を読み取る

5-17) switch( )
switch( )の条件によって実行内容を分岐する．分岐の中は
case 値：
　　実行内容
　　break;
とする

5-18) SetLedPattern( )
ステータスライトの点灯
SetLedPattern(色パターン);
色パターン：
　LED_BLACK
　LED_RED
　LED_RED_FLASH
　LED_RED_PULSE など
があります

・プログラムの解説 5-16) 5-17) 5-18)

setSensorPort(CH_3,COLOR,2)は，カラーセンサを使用する入力ポートの番号とモードを指定します．入力ポート3に接続したカラーセンサはLEDを発光して，その反射により色を読み取ります．getSensor(CH_3)で得られた色の識別番号は，❷のswitch文により❸❹❺のcaseにそれぞれ分岐します．SetLedPattern命令により，ステータスライトを点灯させた後，無限ループにより，再びgetSensor(CH_3)で色を取得します．

5.4.3 カラーセンサによるライントレース

　カラーセンサを使用して，ライントレースプログラムを考えます．ライントレースを行うには，カラーセンサを反射光の強さを調べるモードで使用します．カラーセンサのLEDから赤色の光を出し，反射光の強さから白と黒の境目を調べます．黒いところでは値は小さくなり，逆に白いところでは値は大きくなります．これを利用して，黒いラインをトレース（追跡）するロボットを実現してみましょう．

　カラーセンサを用いてライントレースするアルゴリズムは，図5.18のように白いところではロボットを右に旋回させ，黒いところではロボットを左に旋回させます．この動作を繰り返すことでロボットは右，左，右…とジグザグ走行をしながら黒いラインを追跡します．このアルゴリズムのPADは，図5.19のようになります．

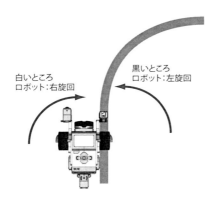

図 5.18　ライントレースの考え方

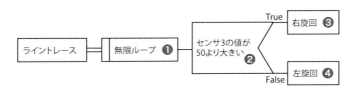

図 5.19　ライントレースのPAD

　アルゴリズムのEV3-SWとNXCのプログラムは，次のようになります．

■ EV3-SW プログラム

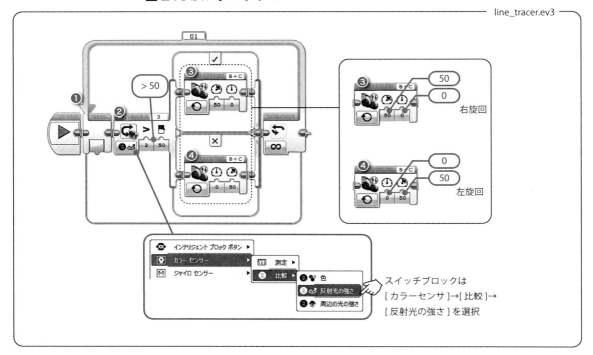

・プログラミングブロックの解説

　床の明るさをカラーセンサで読み取り，床が白いところと黒いところで処理を分岐します．カラーセンサを入力ポート3に接続し，❷のスイッチブロックの［カラーセンサー］の［比較］，［反射光の強さ］を選択します．これにより，カラーセンサは，LEDを発光してその反射量を読み取ります．カラーセンサの値が設定した値が，50より大きい場合は，白いところと判断し，上段のブロック❸の右旋回を実行します．また，50以下であれば黒いライン上と判断し，下段のブロック❹の左旋回を実行します．この動作を❶の無限ループで繰り返すことにより，ロボットはジグザグ走行によるライントレースを実現します．ライントレースにおける❸と❹の旋回は，図4.4(b)の一方のモータを停止し，もう一方のモータを順方向に回転する方法を用います．これは，少しずつ右旋回や左旋回しながら前に進むようにするためです．

■ NXC プログラム

line_tracer.c

```
#include "./jissenPBL.h"

void turn_right( ){
  OnFwdEx(OUT_B,50,0);
  Off(OUT_C);
}

void turn_left( ){
  OnFwdEx(OUT_C,50,0);
  Off(OUT_B);
}

int main( )
{
  int i=0;
  OutputInit( );
  initSensor( );
  ButtonLedInit( );

  setSensorPort(CH_3,COLOR,0);      //センサをカラーセンサ(反射光)に設定
  startSensor();

  while(true){
    if(getSensor(CH_3) > 50){       //カラーセンサの値が50より大きい(白)
      turn_right( );
    }else{
      turn_left( );
    }
    if(ButtonPressed(BTN1))break;   //プログラム停止用
  }
  Off(OUT_BC);
  closeSensor( );
}
```

❸ void turn_right
❹ void turn_left
❶ while(true)
❷ if(getSensor...
❸ turn_right
❹ turn_left

・プログラムの解説[5-19]

setSensorPort(CH_3,COLOR,0)は，カラーセンサを使用する入力ポートの番号とモードを指定します．カラーセンサの LED を発光して，その反射を getSensor 命令により読み取ります．ロボットのカラーセンサが黒いライン上では，カラーセンサの値は小さく，逆に明るいところでは大きくなります．これを利用して，❷の if 文により，センサの値が 50 より大きくなると白いところにいると判断し，❸の右旋回を実行してラインに戻るようにします．センサ値が 50 以下のときは，黒いライン上と判断し，else で指定した❹の左旋回を実行します．これらの処理を❶の無限ループにより繰り返し実行して，ライントレースを実現します．

[5-19] setSensorPort( )
カラーセンサを使用する宣言文
setSensorPort(入力ポート，COLOR，モード);
getSensor(入力ポート番号) カラーセンサの値を読み取る

5.4.4 ライントレースアルゴリズムの改良

§5.4.3 のアルゴリズムでは，図 5.20 に示すように進行方向に対して黒ライン上の左側の境界をジグザグ走行します．このアルゴリズムでは，同じ進行方向に対して，右側の境界を用いてジグザグ走行することはできません．また，ジグザグ走行ではロボットの進むスピードが遅いという問題があります．そこで，もっと早くライントレースするアルゴリズムを考えてみましょう．ロボットに柔軟な動きをさせるには，よりよいアルゴリズムが必要となります．

図 5.20　ライントレース

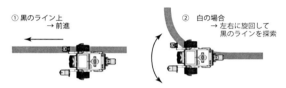

図 5.21　ライントレースの改良

ライントレースのコースによっては，右カーブと左カーブの曲がり具合が異なることがあります．この場合，ジグザグ走行の右旋回と左旋回でパワーを変えてみると良いかもしれません．他の改良としては，カラーセンサが黒いライン上にあるときは前進し，白（黒いラインから外れた）となったら，黒いラインが見つかるまで，その場で左右に旋回させてみてはどうでしょうか？いろいろなアルゴリズムを考えて，いかに早くライントレースができるかを試してみましょう． 5-20)

5-20)
カラーセンサを 2 個使用してライントレースを改良することも可能です．詳細については，144 ページの「速いライントレースの実現」にあります．

■■ 演習問題 ■■

・基本問題

5-5. EV3 の Port View（93 ページのコラム 7）を使用して，白から黒のカラーセンサの値を調べてみましょう．

白　　　　　　　　　　　　　　　　　　　　　黒

5-6. タッチセンサを押したらライントレースをはじめるロボットを作ってみましょう．

・応用問題

5-7. §5.4.4 で紹介したカラーセンサが，黒のライン上では直進，ラインから外れたときにラインを探索するロボットを作ってみましょう．

コラム 7：センサの値を簡単に調べるには？

様々なセンサ（タッチセンサ，超音波センサ，カラーセンサ，ジャイロセンサ）を使用する際に，センサ値（カラーセンサならば，どの程度の明るさなのか）を知る必要があります．たとえば，§5.4.3 ライントレースでは，センサの値から黒いラインと白の部分を判定する閾（しきい）値を決定する必要があります．EV3-SW のハードウェアページや簡単なプログラムを作成してセンサの値を調べてもよいのですが，もっと簡単に調べる方法があります．EV3 のメニューの中に「Port View」という機能があります．

(a) Port View　　　(b) カラーセンサ読み取り値

Port View を使用すると，センサの読み取り値が液晶に表示されるため，簡単にセンサの値を調べることができます．EV3-SW や NXC プログラムを作成する際には，事前に Port View でセンサ値を調べ，設定するとよいでしょう．

コラム8：EV3本体の状況を知ろう

EV3本体に接続したセンサ値を知る方法は，EV3本体のPort Viewを使用する方法（コラム7）とEV3-SWの右下にあるハードウェアページを使用する方法があります．

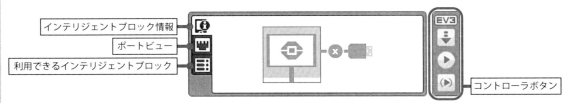
ハードウェアページ

コントローラボタン：
プログラム転送と実行に使用します．接続すると「EV3」の文字が赤く点灯します．コントローラボタンには，ダウンロード，ダウンロードして実行，**ダウンロードして選択内容を実行**の機能があります．

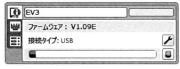

インテリジェントブロック情報：
EV3の本体名やバッテリ残量，ファームウェアのバージョン，接続タイプなどの情報が表示されます．また，メモリブラウザや無線設定ツールも起動できます．

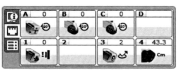

ポートビュー：
EV3に接続中のモータやセンサの状態を表示します．また，センサの読み取り値もリアルタイムで表示されます．

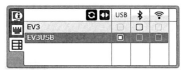

利用できるインテリジェントブロック：
EV3-SWが認識しているEV3の一覧が表示されます．接続の解除や別のEV3への接続切り替えができます．

6. LEGO ロボットの高度な制御（応用編）

　前章までは，ロボットを操る基本としてモータ制御やセンサの使い方について学びました．ここからは，デバッグ[6-1]に必要な液晶ディスプレイ表示や配列を用いたロボットの教示について説明します．また，ロボットプログラミングでは欠かせない並列タスクと PID 制御の実現方法について学びます．

> **この章のポイント**
> 　→ ディスプレイ表示
> 　→ 配列
> 　→ 並列タスク
> 　→ PID 制御

[6-1] デバッグとは，プログラムのミス（「虫」という意味の「バグ」）を取り除く作業のことをデバッグといいます．ロボットプログラミングでは，トライ＆エラーを繰り返して，デバッグ作業を何度も行うことが重要です．

6.1 ディスプレイ表示

　EV3 本体には，178 × 128 ピクセル[6-2]の液晶ディスプレイ (liquid crystal display：LCD) が付いています．このディスプレイには，プログラムの名前や実行状態，設定画面などが表示されます．また，プログラムにより，ディスプレイ上に画像を表示したり，図形を描画することができます．

6.1.1 テキストの表示

　ここでは，EV3 の液晶ディスプレイに超音波センサの値（距離）を表示してみましょう．プログラムを実行中のロボットの状態（たとえばセンサ値など）をディスプレイに表示して確認することは，ロボットのプログラム開発におけるデバッグに大変重要です．超音波センサの読取り値を液晶ディスプレイに表示するアルゴリズムの PAD は，図 6.1 のようになります．

[6-2] ピクセル（画素）デジタル画像を構成する最小の単位．1600 × 1200 ピクセルの画像が撮影できるデジタルカメラの場合 1920000（約 200 万画素：約 2.0 メガ）ピクセルとなります．今回の EV3 の液晶ディスプレイは白黒ですが，カラー画像の場合，1 つの画素の中には，光の三原色（赤緑青：RGB）の割合で 1 つの色が決められます．

図 6.1　液晶ディスプレイにセンサ値を表示する PAD

アルゴリズムの EV3-SW と NXC のプログラムは次のようになります．

■ EV3-SW プログラム

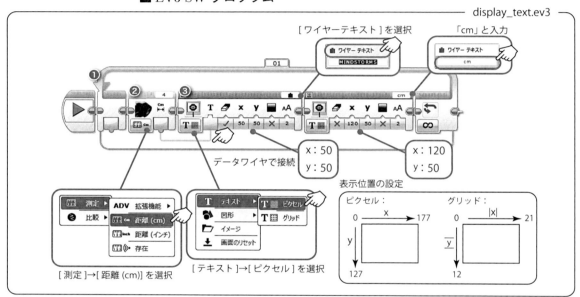

・プログラミングブロックの解説

6-3) 表示ブロック

EV3本体の液晶ディスプレイに文字や図形を表示します．

　EV3-SW では，センサの値を読み取るセンサブロックと，値を表示する表示ブロック[6-3]が必要となります．最初に，❸の表示ブロックの入力を［ワイヤーテキスト］に変更します．これにより，❷の超音波センサからの出力をデータワイヤを使用して表示ブロックに接続が可能となります．EV3-SW では数値からテキストへの変換は自動で行われます．単位「cm」も液晶ディスプレイに表示するため，単位表示用の表示ブロックも接続します．プログラムは，❶の無限ループにより繰り返され，EV3 の画面に超音波センサの値をリアルタイムに表示します．

■ NXC プログラム

```
                                                    display_text.c
#include "./jissenPBL.h"

int main( )
{
  int dist=0;
  char sensval[64];

  LcdInit( );                          // LCDの初期化
  LcdSelectFont(2);
  LcdRefresh( );
  initSensor( );
  ButtonLedInit( );

  setSensorPort(CH_4,USONIC,0);        // センサを超音波センサに設定
  startSensor( );

❶ while(true){
❷   dist=getSensor(CH_4);              // センサの読み取り値をdistに代入
    sprintf(sensval,"%4d",dist);       // 文字列配列に変換
❸   LcdText(1,50,50,sensval);          // 値の表示
    LcdText(1,120,50,"mm");            // mmの表示
    Wait(100);

    if(ButtonPressed(BTN1))break;      // プログラム停止用
  }
  closeSensor();
}
```

・プログラムの解説[6-4]

　最初に，超音波センサの読み取った値を代入するための変数 dist を整数型 (int) で使用することを宣言します．次に，EV3 の画面に表示する文字列を格納するための配列 sensval[] を文字型 (char) で宣言します．そして LCD，センサ，EV3 のボタンを使用するための宣言を行います．setSensorPort(CH_4,USONIC,0) は，超音波センサを入力ポート 4 で使用することを宣言します．❷は，超音波センサの値を変数 dist に代入します．超音波センサの値は，LCD に表示できるよう sprintf() 文[6-5]により**文字列配列** sensval[] に格納します．❸の LcdText 命令により，テキストを表示する座標[6-6]を指定してディスプレイに表示します．最初の LcdText 命令では，黒色の文字で sensval[] に代入されている文字列を座標 (50, 50) に表示します．次の LcdText 命令では，「mm」という文字列を指定した座標 (120, 50) に表示します．

[6-4] LcdText( )
EV3 内蔵液晶モニタへの表示
LcdText(色，X 座標，Y 座標，文字列)

[6-5] sprintf（文字列，書式，変数）
書式指定変換した出力を文字配列へ書き込む
sprintf(sensval,"%4d", dist) 整数型変数 dist の値を 4 桁の整数として文字配列 sensval に格納する

[6-6] NXC の液晶ディスプレイは，左下が原点 (0, 0) となります．

6.1.2 図形の表示

EV3では，画像ファイル（rgf 形式）[6-7]を表示したり，円や四角形等の図形を描くことができます．画像と図形を液晶ディスプレイに表示するアルゴリズムの PAD は，図 6.2 のようになります．

[6-7] EV3-SW には標準で下記のような画像が入っています．

 Angry.rgf

 Mouth 2 open.rgf

 Swearing.rgf

rgf 形式は EV3 独自のフォーマットになります．画像ファイルの作成や編集は，EV3-SW の［ツール］→［イメージエディター］で行えます．

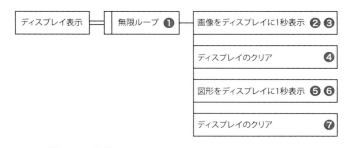

図 **6.2** 液晶ディスプレイに図形を表示する PAD

アルゴリズムの EV3-SW と NXC のプログラムは次のようになります．

■ EV3-SW プログラム

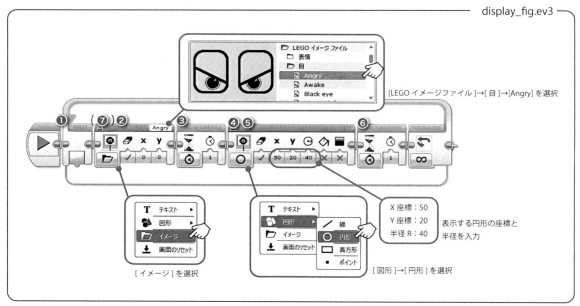

・プログラミングブロックの解説

❷の表示ブロックの［LEGO イメージファイル］から［目］［Angry］を選択して表示するファイルを選択します．画像ファイルの表示位置を **x,y** に入力します．❷の表示ブロックのあとに❹の表示ブロックをつないでしまうと，❷

の"Angry"という画像を一瞬だけ表示して切り替わるため，❸の待機ブロックで表示時間を指定します．❺の表示ブロックでは，円を描画します．［図形］から［円形］を選択します．円の中心座標を示す**x,y**と半径を入力します．画像の表示と同様に，❻の待機ブロックにより1秒保持します．これらの表示処理❷〜❼を❶の無限ループによって無限に繰り返します．

■ NXC プログラム

display_fig.c

```
#include "./jissenPBL.h"

int main()
{
  LcdInit();                        // LCD初期化
  LcdRefresh();
  ButtonLedInit();
  LcdOpen();

❶ while(true){                     // 画像ファイルの表示
❷   LcdBmpFile(1,0,0,"/home/root/lms2012/prjs/Angry.rgf");
❸   Wait(1000);
❹   LcdClearDisplay();

❺   CircleOut(50,20,40);           // 円の描画(x座標,y座標,半径r)
❻   Wait(1000);
❼   LcdClearDisplay();

    if(ButtonPressed(BTN1))break;  // プログラム停止用
  }
  LcdClose();
}
```

・プログラムの解説[6-8]

　画像ファイル"Angry.rgf"をあらかじめ EV3 本体に転送しておきます．[6-9] 最初に❷の LcdBmpFile 命令により，EV3 に保存されている画像ファイル"Angry.rgf"を座標を指定してディスプレイに表示します．❸の Wait 命令により画像の表示を 1 秒間保持したあと，❹の LcdClearDisplay 命令を用いて画面をクリアします．その後，❺の CircleOut() 命令により，座標 (50, 20) に半径 40 の円を描画します．これらの処理❷〜❼を❶の無限ループで繰り返します．

　液晶ディスプレイに線や図形を描画する命令を表 6.1 に示します．これらの命令を組み合わせて，ロボットの内部の状態を図形で表現してみましょう．

6-8) LcdBmpFile( )，CircleOut( )
EV3 内蔵液晶モニタへの表示
LcdBmpFile(色, X 座標, Y 座標, ファイル名)
CircleOut(X 座標, Y 座標, 半径)

6-9) 画像ファイルは EV3 本体の /home/root/lms2012/prjs/ に保存します．

表 6.1　図形描画命令

画像の表示	`LcdBmpFile(Color, X, Y, filename);`	例：`LcdBmpFile(1,0,0,"/home/root/lms2012/prjs/Angry.rgf");`
円の表示	`CircleOut(X, Y, R);`	例：`CircleOut(50,20,40);`
直線の表示	`LineOut(X0, Y0, X1, Y1);` (X0, Y0：始点の座標，X1, Y1：終点の座標)	例：`LineOut(50,20,40,60);`
四角形の表示	`RectOut(X0, Y0, X1, Y1);`	例：`RectOut(40,40,30,40);`
画面のクリア	`LcdClearDisplay()`	例：`LcdClearDisplay();`

6.2　配列を利用したロボットの教示と再生

ある動作パターンをロボットに記録させ（教示），再生するロボットをつくってみましょう．

動作パターン等の複数のデータを記録するには，**配列**を使用します．EV3-SWでは，**配列ブロック**を使用し，NXCでは**配列宣言**を行います．表 6.2 のように，2つのタッチセンサを用いて，1番目，2番目 … i 番目と動作順に対応した値を配列 ev3_array[i] に代入して記録します．ここでは，タッチセンサ1と2がONのとき前進（=1），タッチセンサ1のみがONのときは右旋回（=2），タッチセンサ2のみがONのときは左旋回（=3）とします．記録した動作パターンの再生は，配列の各要素の値を呼び出し，対応する動作を実行します．今回のプログラムでは，10回分の動作を記録したあと，記録した順に動作を再生します．図 6.3 のように，モータはポートBとポートC，タッチセンサはポート1とポート2に接続します．

配列を用いた教示と再生のアルゴリズムのPADは，図 6.4 のようになります．

表 6.2　配列を用いた動作の記録

回数	タッチセンサ1	タッチセンサ2	動作	配列
1	ON	ON	前進	ev3_array[0]=1
2	ON	OFF	右旋回	ev3_array[1]=2
3	ON	ON	前進	ev3_array[2]=1
⋮	⋮	⋮	⋮	⋮
$i+1$	OFF	ON	左旋回	ev3_array[i]=3

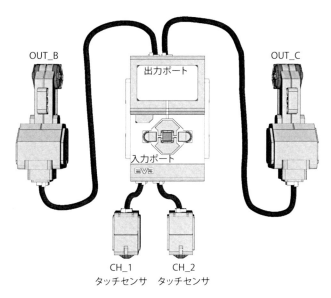

図 6.3　モータとタッチセンサの接続

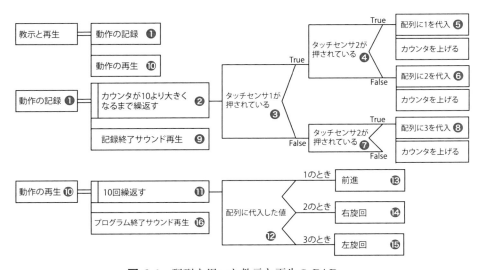

図 6.4　配列を用いた教示と再生の PAD

アルゴリズムの EV3-SW と NXC のプログラムは次のようになります．

■ EV3-SW プログラム

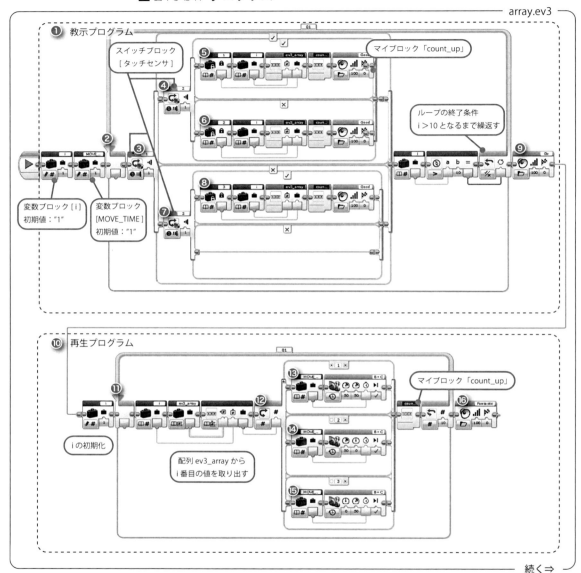

・プログラミングブロックの解説

　このプログラムは，❶のロボットに動作を記録する教示プログラムと，❿の再生プログラムの2つに分かれています．初期設定としてカウンタ用の変数ブロック i をスタートブロックにつないで，初期値の1を代入します．続いて，変数ブロック MOVE_TIME も作成して，初期値の1を代入します．

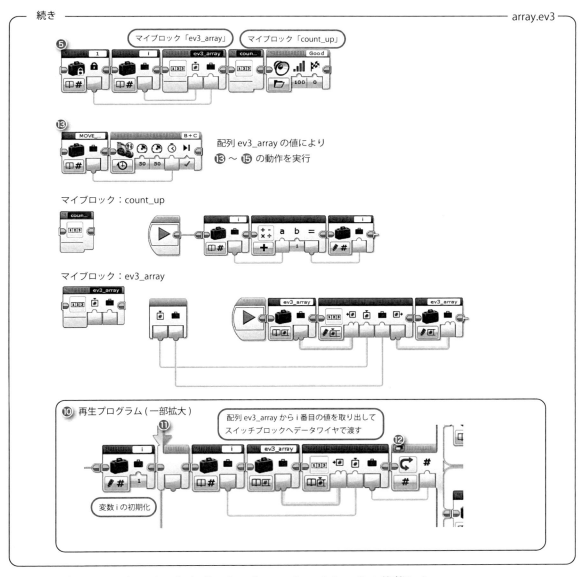

❷のループブロック内では，入力ポート1と2のタッチセンサの状態によって❺，❻，❽へ分岐します．たとえば，入力ポート1と2の両方のタッチセンサが押されている場合は，❺が実行されます．❺では，前進を示す定数［1］を配列 ev3_array[] に代入します．配列に値を代入した後，格納する配列の番号を1つ増やすためにマイブロック count_up を実行します．❷のループブロック内を10回実行し，変数ブロック i の値が10より大きくなると，❷の

ループブロックを終了し，記録の終わりの合図として❾のサウンドブロックにより音 (Go) を鳴らします．

　❿の再生プログラムでは，❶の教示プログラムで格納した配列をふたたび使用するため，定数ブロック i に初期値である 1 を代入をします．記録した 10 回の動作を再生するため，ループブロック⓫は［カウント］と "10" を設定します．次に，配列ブロック ev3_array[] から順番に値を取り出します．取り出した値は，スイッチブロック⓬により，1 であれば⓭の前進，2 であれば⓮の右旋回，3 であれば⓯の左旋回を実行します．その後，マイブロック count_up により，i の値を 1 つ加算して次の配列の要素番号となります．これを 10 回繰り返すと⓫のループブロックを終了し，再生の終わりの合図として⓰のサウンドブロックにより音 (Fantastic) を鳴らしてプログラムは終了します．

■ NXC プログラム

―― array.c

```
#include "./jissenPBL.h"

#define MOVE_TIME 1000
#define CHECK_TIME 1000
#define POW 50

int ev3_array[20];
```

❸
```
void forward(int time)
{
  OnFwdEx(OUT_BC,POW,0);
  Wait(time);
}
```

❹
```
void turn_right(int time)
{
  Off(OUT_C);
  OnFwdEx(OUT_B,POW,0);
  Wait(time);
}
```

❺
```
void turn_left(int time)
{
  Off(OUT_B);
  OnFwdEx(OUT_C,POW,0);
  Wait(time);
}
```

―― 続く⇒

・プログラムの解説

　入力ポート 1，2 をタッチセンサ，3 をサウンドセンサに設定します．動作を記録するための配列 ev3_array[] は外部変数として宣言し，配列の大きさを 20 に設定します．誤動作を防止するために，プログラム開始直後と記録と

```
                                                                   ─ array.c
  ─ 続き ─
❶ int ev3_rec()
  {
    int i=1;
❷ do{
❸   if(getSensor(CH_1)==1){
❹     if(getSensor(CH_2)==1){
❺       ev3_array[i]=1;
         PlayFile("/home/root/lms2012/prjs/Good.rsf");
         Wait(CHECK_TIME);
         i++;
       }else{
❻       ev3_array[i]=2;
         i++;
         PlayFile("/home/root/lms2012/prjs/Good.rsf");
         Wait(CHECK_TIME);
       }
    }else{
❼     if(getSensor(CH_2)==1){
❽       ev3_array[i]=3;
         i++;
         PlayFile("/home/root/lms2012/prjs/Good.rsf");
         Wait(CHECK_TIME);
       }
    }
  }while(i<=10);
❾ PlayFile("/home/root/lms2012/prjs/Go.rsf");
  Wait(CHECK_TIME);
}
```
続く⇒

再生の終了後にそれぞれ1秒間待機します．

● 動作の記録

❶の関数 ev3_rec() で動作の記録を行います．関数 main() から動作記録の関数 ev3_rec()❶ が呼び出されます．右，左，両方のいずれかのタッチセンサの入力に対応して配列 ev3_array[i] の中に，1（前進）❺，2（右旋回）❻，3（左旋回）❽の値を代入します．i 番目の配列に値が代入された後，次の配列要素を指定するために i をインクリメントします．動作を記録すると，毎回確認のためにサウンドファイル (Good.rsf) を再生します．サウンドファイル再生後の Wait(CHECK_TIME) は，Good.rsf ファイルを最後まで再生する役割と，次のタッチセンサの読み込みのタイミングを遅らせるという2つの役割を持っています．もし，Wait(CHECK_TIME) が無いと，少し長めにタッチセンサを押したときに，配列の中にどんどんデータが取り込まれてしまいます．これらの処理を❷の do while 文により繰り返し，10回動作が保存されると do while ループから抜け出し，記録を終了します．

```
                                                              ─ array.c
  ─ 続き ─
❿ void ev3_play(){
     int i;

⓫ for(i=1; i<=10 ;i++){
   ⓬switch(ev3_array[i]){
       case 1:
   ⓭     forward(MOVE_TIME);
          break;
       case 2:
   ⓮     turn_right(MOVE_TIME);
          break;
       case 3:
   ⓯     turn_left(MOVE_TIME);
          break;

     }
   }
   Off(OUT_BC);
⓰ PlayFile("/home/root/lms2012/prjs/Fantastic.rsf");
   Wait(CHECK_TIME);
 }

 int main()
 {
    int cnt;

    OutputInit();
    initSensor();
    SoundInit();
    ButtonLedInit();

    setSensorPort(CH_1,TOUCH,0);
    setSensorPort(CH_2,TOUCH,0);
    startSensor();

    Wait(CHECK_TIME);

❶ ev3_rec();
❿ ev3_play();

 }
```

- 動作の再生

　❿の関数 ev3_play() で記録した動作を再生します．⓫の for 文で 10 回再生を繰り返します．⓬の switch 文により，配列 ev3_array[i] の値が 1 のときは 1 秒前進⓭，2 のときは 1 秒右旋回⓮，3 のときは 1 秒左旋回⓯をそれぞれ実行します．記録した動作をすべて実行し，モータを停止した後，⓰のサウンドファイル "Fantastic.rsf" を鳴らして終了します．

6.3 シングルタスクと並列タスク

今まで述べてきたプログラムは，すべて**シングルタスク**のプログラムです．高度なロボット制御では，ロボットに複数の処理を同時に実行する**並列タスク**を実現する必要があります．

6.3.1 並列タスク

ライントレースと音の再生をロボットで同時に行うためには，2つのプログラムを同時に動かす必要があります．これを実現する有効な手段が**並列タスク**です．今までに学んだプログラムは，図 6.5(a) のように，一本のレール上の命令を順番に実行するイメージであったのに対して，並列タスクは，図 6.5(b) のように複数のレールがあり，複数の命令が独立して同時に動作しているイメージになります．

図 6.5 タスクのイメージ

ライントレースと音の再生をロボットで同時に行う並列タスク処理の PAD は，図 6.6 となります．この PAD では，❶❷ でそれぞれのタスクを起動して，各タスクを同時に実行する流れとなります．

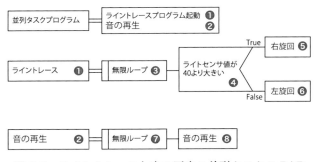

図 6.6 ライントレースと音の再生の並列タスクの PAD

アルゴリズムの EV3-SW と NXC プログラムは次のようになります．

■ EV3-SW プログラム

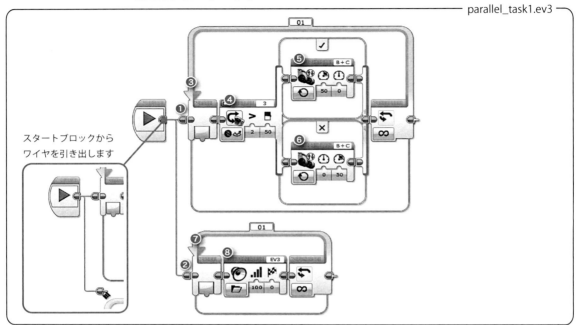

・プログラミングブロックの解説

　EV3-SW では，スタートブロックからワイヤを引き出し，それぞれのブロックに接続するとプログラムを並列化することができます．このプログラムでは，❶のライントレースと，❷の音の再生が同時に動きます．このとき，それぞれのタスクは独立して動作します．

■ NXC プログラム[6-10]

6-10)
関数 turn_right() は，104 ページにあります．
関数 turn_left() は，104 ページにあります．

```
#include "./jissenPBL.h"
#define TURN45 250
#define POW 50

void turn_right(int time){省略}
void turn_left(int time){省略}

❶void *line_trace(void *threadid){
  int r;
  ❸while(true){
    ❹if(getSensor(CH_3) > 50){
      ❺turn_right(1);
    }else{
      ❻turn_left(1);
    }
    if(ButtonPressed(BTN1))break; // プログラム停止用
  }
  Off(OUT_BC);
  pthread_exit(0);
}
```

続く⇒

```
                                                    ─ parallel_task.c ─
❷ void *sound(void *threadid){
    ❼ while(true){
        ❽ PlayFile("/home/root/lms2012/prjs/Bravo.rsf");
          Wait(1000);
          if(ButtonPressed(BTN1)) break;
      }
      Off(OUT_BC);
      pthread_exit(0);
  }

  int main(void){
    initSensor();
    ButtonLedInit();
    OutputInit();
    SoundInit();

    setSensorPort(CH_3,COLOR,0);  //ch,type,mode
    startSensor();

    pthread_t f1_thread, f2_thread;
❶ pthread_create(&f1_thread,NULL,line_trace,NULL);
❷ pthread_create(&f2_thread,NULL,sound,NULL);
    pthread_join(f1_thread,NULL);
    pthread_join(f2_thread,NULL);

    Off(OUT_BC);
    closeSensor();
  }
```

・プログラムの解説

　NXCプログラムでは，複数の並列タスクはスレッド処理により実現します．最初に入力ポート3をカラーセンサに設定します．❶と❷のpthread_create文を用いてライントレースのスレッドline_trace()と音の再生のスレッドsound()の生成と実行を行います．それぞれのスレッド内のpthread_exit文により，スレッドを終了し，関数main()内のpthread_join文により，メモリの解放を行います．

　マルチスレッドのプログラムのコンパイルには，以下のコンパイルオプションが必要となります．[6-11]

```
pc> arm-none-linux-gnueabi-gcc -lpthread ファイル名
```

これでマルチスレッドのプログラムは完成です．ライントレースと音の再生が並列に動作します．

[6-11] BricxCCの設定方法などの詳細は，サポートWebページを参照してください．

6.3.2　プログラムのコンフリクトとセマフォ

　並列タスクを利用することで複数のタスクを同時に動かすことができます．ライントレースと音の再生といった互いに干渉しないプログラムを並列に動かす場合は特に問題は起こりません．しかし，図 6.7 のようなライントレースと障害物回避を並列して動かすプログラムの場合，実際のロボットプログラムでは，図 6.8 のようにタスクからの命令（たとえばモータ制御）が衝突するという問題が発生します．これを**コンフリクト**と呼びます．このコンフリクトを解消するには，**セマフォ**という考え方を導入します．

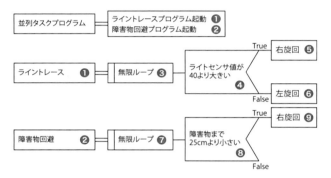

図 6.7　ライントレースと障害物回避の並列タスク PAD

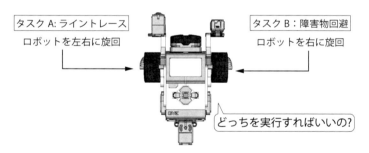

図 6.8　命令の衝突（コンフリクト）

6-12) フラグ：
旗を意味します．複数のプログラムが 1 つのフラグ（旗）を共有することを共有フラグといいます．

　セマフォとは信号灯という意味であり，一種の共有フラグ[6-12]です．複数のタスクがこのフラグに注目し，フラグの変化に応じて処理を行うようにします．2 つのタスク間におけるセマフォの処理例を図 6.9 に示します．

①モータの未使用状態

　モータが使用されていないときは，共有フラグであるセマフォ（信号灯）は未使用状態になっています．このとき，タスクからのリクエスト（要求）が

あれば，モータ制御の処理をすぐに実行することができます．

② **タスク A によるモータ制御**

タスク A がモータを使用するときは，リクエストの結果，セマフォが未使用状態であれば，セマフォを使用状態に変更してからモータの制御（前進）を行います．このとき，タスク B がモータ制御のリクエストをしても，すでにセマフォは使用状態なので，モータ制御（後退）は実行されず，タスク B は待機状態となります．

③ **タスク A によるモータ制御終了**

タスク A によるモータ制御が終了すると，タスク A からモータの使用状態の解除が行われ，セマフォは未使用状態に戻ります．

④ **タスク B によるモータ制御**

待機状態のタスク B はセマフォが未使用状態になると，セマフォを使用状態に変更してからモータの制御（後退）を行います．このとき，タスク A からのリクエストがあってもセマフォが使用状態のため，タスク A は待機状態となります．

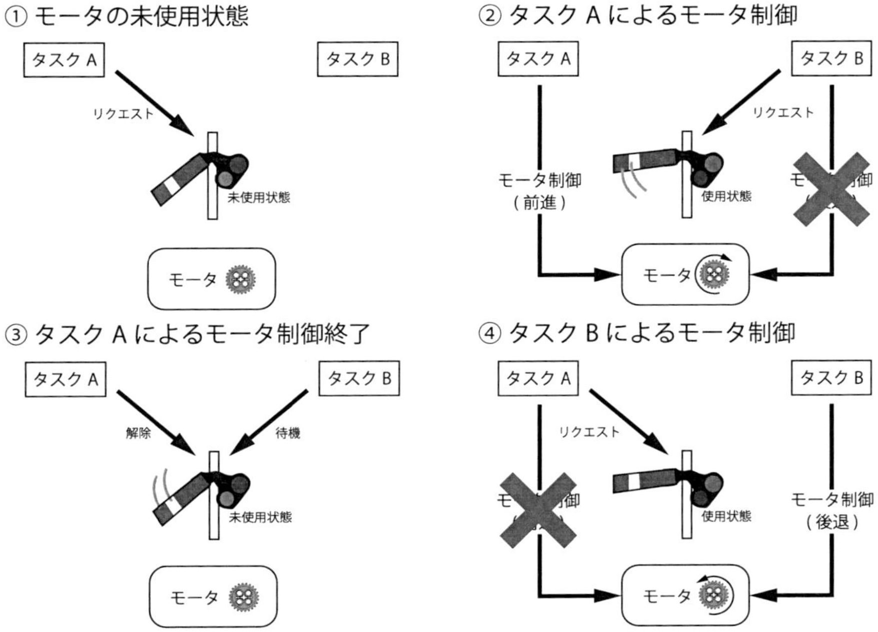

図 6.9 セマフォの概念

このようにセマフォを用いることで，並列タスクのコンフリクトを回避することができます．

6.3.3 セマフォによるコンフリクト回避 (EV3-SW)

EV3-SW では，タスク間のコンフリクトを防ぐために，**セマフォ**の考え方を変数ブロックで実現します．セマフォ用の変数ブロック sem を用意し，正か偽の値を代入することによって，現在モータが使用されているかいないかを表します．各タスクはセマフォの状態を参照し，モータの制御を実行するか待機するかを判断します．セマフォを用いたコンフリクト回避のアルゴリズムの PAD は図 6.10 となります．図 6.7 と比べると，各タスクにおいてモータを制御する前と後にセマフォ用の処理❸❹❻ が追加されているのがわかります．

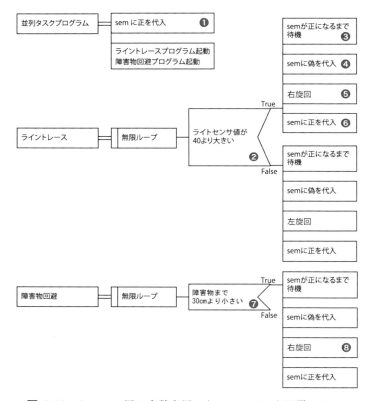

図 6.10 セマフォ用の変数を用いたコンフリクト回避の PAD

■ EV3-SW プログラム

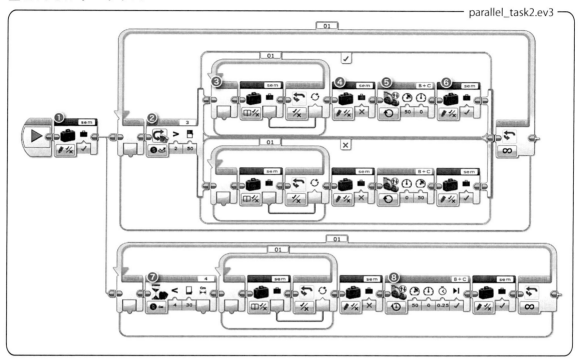

・プログラミングブロックの解説

　parallel_task2.ev3 では，セマフォ用の変数ブロック (sem)❶を用意します．変数ブロック sem に正（モータが未使用）か偽（モータが使用中）の値を代入することにより，現在のモータの使用状態を表します．

　並列タスクの上段はライントレース❷，下段は障害物回避❼を行います．それぞれのタスクは，セマフォである変数ブロック sem に正が代入されるまで待機します．ここでは，常に現在のモータの使用状況を調べる必要があるため，ループ❸を用いて何度も変数ブロックの値を参照します．変数ブロック sem に正が代入されると，❹の変数ブロックに偽を書き込み，移動ブロック❺がモータを制御し，タスクを実行します．この間，他のタスクは，1 番目の変数ブロックに偽が書き込まれるため待機状態となります．タスクの実行が完了すると，続く変数ブロック sem❻に正を代入して，モータ制御を解放します．

6.3.4 MUTEX によるコンフリクト回避 (NXC)

NXC ではセマフォの一種である **MUTEX** [6-13] と呼ばれる手法を使用し，1 つのタスクしかモータを使用できないようにします．セマフォの状態を mutex 変数で扱うために，外部変数として宣言します（ここでは，mutex 変数名を mut とします）．複数のタスクがこの変数 mut の値を参照して，コンフリクトの回避処理を行います．図 6.9①のように，モータの使用をリクエストするには，pthread_mutex_lock 文を用います．pthread_mutex_lock 文を実行したとき，変数 mut が未使用状態である偽であれば，モータを制御することができます．モータ制御が終了すると，図 6.9③のように pthread_mutex_unlock 文によってモータの使用権を解放します．他のタスクが pthread_mutex_lock 文で使用権をリクエストしたとき，すでにモータは制御されていると，モータ制御を行うタスクから pthread_mutex_unlock 文が送られるまで待機します．

pthread_mutex_lock 文と pthread_mutex_unlock 文は，以下のようにモータ制御の前後に挿入します．

```
→  pthread_mutex_t mut = PTHREAD_MUTEX_INITIALIZER; // mutex 変数の宣言
     ⋮
→  r = pthread_mutex_lock(&mut);    // ロック
    turn_right(TURN45);              // モータ制御
→  r = pthread_mutex_unlock(&mut);// 解放
```

MUTEX を用いたコンフリクト回避のアルゴリズムの PAD を図 6.11 に示します．

> 6-13) MUTEX
> MUTual EXclusion（相互排他）の略．ロボットの命令だけではなく，ファイルへ複数のプログラムが書き込みを行う場合のロック処理や Windows などの OS の処理にも用いられています．

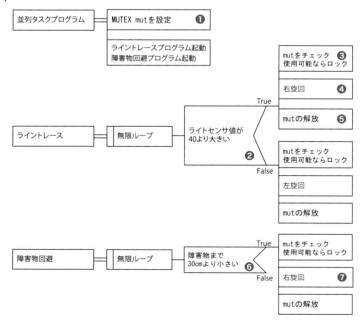

図 **6.11** MUTEX を用いたコンフリクト回避の PAD

MUTEXを使用したNXCのプログラムは次のようになります．

■ NXC プログラム[6-14)]

parallel_task2.c

```
#include "./jissenPBL.h"
#define TURN45 250
#define POW 50

❶pthread_mutex_t mut = PTHREAD_MUTEX_INITIALIZER;

void turn_right(int time){省略}
void turn_left(int time){省略}

void *line_trace(void *threadid){

  int r;
  while(true){
❷ if(getSensor(CH_3) > 50){
❸   r = pthread_mutex_lock(&mut);
❹   turn_right(1);
❺   r = pthread_mutex_unlock(&mut);
    }else{
    r = pthread_mutex_lock(&mut);
    turn_left(1);
    r = pthread_mutex_unlock(&mut);
    }
    if(ButtonPressed(BTN1))break; // プログラム停止用
  }
  Off(OUT_BC);
  pthread_exit(0);
}

void *collision_avoidance(void *threadid){
  int r;

  while(true){
❻ if(getSensor(CH_4)<300){        //30cm (300mm)
     r = pthread_mutex_lock(&mut);
     if (r == 0) {
        LcdText(1,50,36,"Collision");
        LcdText(1,50,56,"Avoidance");
     }
❼    turn_right(TURN45);
     r = pthread_mutex_unlock(&mut);
     LcdClearDisplay();
    }
    if(ButtonPressed(BTN1))break; // プログラム停止用
  }
  Off(OUT_BC);
  pthread_exit(0);
}
```

続く⇒

6-14)
関数 turn_right() は，104ページにあります．関数 turn_left() は，104ページにあります．マルチスレッドのプログラムのコンパイルには，コンパイルオプションが必要となります．設定方法などの詳細はサポートWebページを参照してください．

```
/*―― 続き ――――――――――――――――――――――――――― parallel_task2.c ―*/
int main(void){
  LcdInit();
  LcdSelectFont(2);
  LcdRefresh();
  initSensor();
  ButtonLedInit();
  OutputInit();

  setSensorPort(CH_3,COLOR,0); //ch,type,mode
  setSensorPort(CH_4,USONIC,0); //ch,type,mode
  startSensor();

  pthread_t f1_thread, f2_thread;
  pthread_create(&f1_thread,NULL,line_trace,NULL);
  pthread_create(&f2_thread,NULL,collision_avoidance,NULL);
  pthread_join(f1_thread,NULL);
  pthread_join(f2_thread,NULL);

  Off(OUT_BC);
  closeSensor();
  pthread_mutex_destroy(&mut);

}
```

・プログラムの解説

　このプログラムでは，MUTEXによるコンフリクト対策として，外部変数として❶のようにmutex変数の宣言をします．各タスクがモータを制御する場合，❸のようにpthread_mutex_lock(&mut)を用いてロックします．モータの制御❹が終了すると，❺のようにpthread_mutex_unlock(&mut)により，使用状態を開放します．このように，モータを使用する前後にmutex変数のロックとアンロックを入れることで，タスク間のコンフリクトを回避します．

6.4 高度なロボット制御

これまで学んできたモータの制御方法は，単純な前進・後退の ON-OFF 制御です．しかし，ロボットの状態に合わせて目的を達成する適応的な動作を実現するには，より複雑な制御が必要となります．たとえば，目標となる位置までロボットをなるべく早く移動させて停止させたいとします．早く移動させたいからといって，目標の位置まで全速力（最大のパワー）で前進して，目標の位置でブレーキをかけたとします．すると，ロボットは目標の位置で停止できず，ある程度進んだところで停止します．そこで，また全速力で目標位置まで後退するとどうなるでしょう？また，目標位置をこえた後に停止します．では，また全速力で…と繰り返すと，図 6.12 のようにロボットは永久に目標の位置で停止することができません．

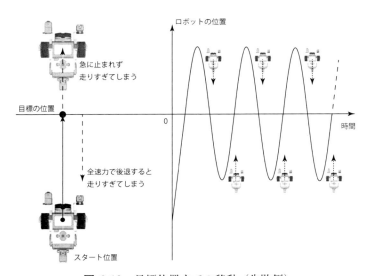

図 6.12 目標位置までの移動（失敗例）

みなさんには，「なんだ簡単じゃないか」と思うようなことでも，ロボットにとっては，とても難しいことになります．

これを解決するには，ロボットのセンサから得られた情報により，ロボットがどのような状態であるかを把握して，次の動作を適切に決める必要があります．このような動作を**フィードバック制御**といいます．フィードバック制御は，ロボットなどのモータ制御だけではなく，エアコンなどの温度制御

など，多くの製品にも用いられています．

図 6.13(a) の制御では，目標の位置との距離によって速度を決定して制御を行っています（PI 制御）．さらに目標位置との誤差を修正する制御を行うと，図 6.13(b) のように目標の位置へ短時間で移動することができるようになります（PID 制御）．

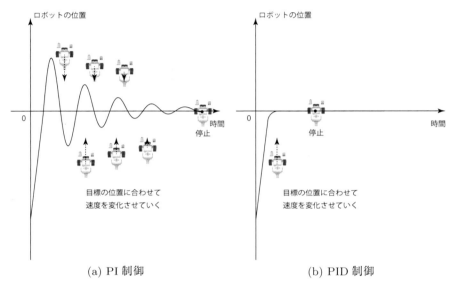

(a) PI 制御　　　　　　　　　(b) PID 制御

図 6.13　フィードバック制御を用いた目標位置までの移動

本節では，フィードバック制御の 1 つである PID 制御について説明します．また，LEGO ロボットを用いた PID 制御について説明します．PID 制御プログラムは，少し難しいですがロボットを制御するプログラムの学習は非常に有効なため，是非プログラムの学習にチャレンジしてみてください．

6.4.1　PID 制御

フィードバック制御の 1 つとして **PID 制御**がよく用いられます．PID 制御は，P 制御（Proportional 制御：比例制御）・I 制御（Integral 制御：積分制御）・D 制御（Differential 制御：微分制御）の組み合わせからできており，相互作用によって安定したロボット制御が可能となります．順に P 制御，PI 制御，PID 制御について説明します．

・P 制御

P 制御（比例制御）を式で表すと，

$$制御値 = K_p \times （目標値 - 現在値）$$

となります．P 制御は，単純な制御です．目標値と現在値の差を求め，比例定数 K_p との積を制御値とします．K_p の値が大きいと，早く目標位置付近に移動できますが，目標位置をこえて図 6.12 のようにいつまでも目標位置にたどりつけないことがあります．

・PI 制御

P 制御では K_p の値が大きすぎると図 6.14(a) のように，いつまでも目標位置にたどりつけないことがあります．逆に K_p の値が小さすぎると，図 6.14(b) のように目標位置に到達することができません．この問題を解決する制御方法が PI 制御です．PI 制御を下記の式で表すと，

$$制御値 = K_p \times （目標値 - 現在値） + K_i \times （（目標値 - 現在値）の累積）$$

となります．目標値と現在値の差の累積（Integral：積分値）を求め，比例定数 K_i との積を求めます．これを P 制御に加えることにより，P 制御で発生する誤差を修正して，正しい目標値に近づけます．

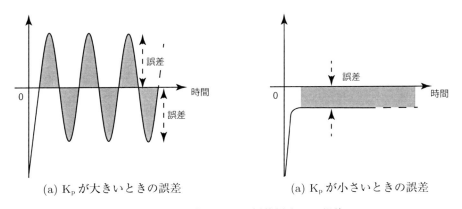

(a) K_p が大きいときの誤差　　　(a) K_p が小さいときの誤差

図 6.14　P 制御による目標位置までの誤差

・PID 制御

ロボットのモータ制御の場合，制御中に目標位置が変化する場合があり，PI 制御では応答が追いつかない場合があります．PID 制御では，誤差の差 (Differential) を求め，変化の少ない (誤差の差が小さい) ときは制御量を小さ

くして，変化が大きい(誤差の差が大きい)ときは，制御量を大きくすることにより，制御の応答速度を向上させた制御方法になります．PID 制御を式で表すと，

$$制御値 = K_p \times (目標値 - 現在値) + K_i \times ((目標値 - 現在値)の累積) + K_d \times (前回の誤差 - 今回の誤差)$$

となります．PID 制御を使用してロボットのパワー調整を行うことで，図 6.15 のように目標の位置に停止することができるようになります．また，目標位置が変化した場合においても理想のパワー制御の追従が可能となります．

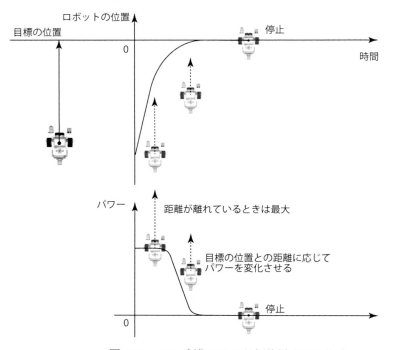

図 6.15 PID 制御による目標位置までの移動

実際のロボット制御では，K_p，K_i，K_d の値を，何度も実験して決める必要があります．

6.4.2 PID制御による倒立振子ロボットの制御

EV3の基本セットでは，さまざまな形のロボットを作成することができます．図6.16のジャイロボーイ[6-15]もその1つです．ジャイロボーイは一般的に**倒立振子ロボット**と呼ばれるロボットになります．倒立振子ロボットの原理は，図6.17(a)のように手のひらの上に逆さまのほうきを置いてバランスをとるイメージです．ほうきが倒れる方向と同じ方向に手を動かすとほうきは倒れず倒立を保つことができます．ジャイロボーイは，車輪が2つでバランスを保つロボットです．図6.17(b)のようにジャイロボーイが倒れようとする方向にロボットが移動し，倒立を保ちます．このような倒立を保つためには，PID制御を用いてどのようなプログラムを作成すればよいでしょうか？

[6-15] ジャイロボーイの組み立て方法は，EV3-SW内の[モデルコアセット] → [モデルガイド] → [ジャイロボーイ]にあります

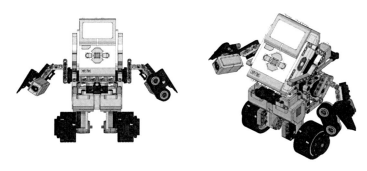

図 6.16 ジャイロボーイ

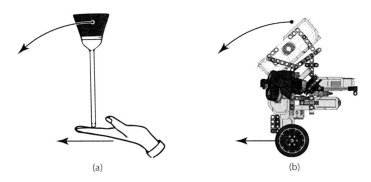

図 6.17 倒立振子

■ PID 制御アルゴリズム

PID 制御を用いてジャイロボーイを制御してみましょう．ジャイロボーイには，図 6.18 のように中心にジャイロセンサがついています．

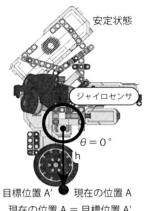

図 6.18　ジャイロボーイの目標地点

図 6.18(a) のようにジャイロボーイが安定している状態のジャイロセンサの角度を初期値（$\theta = 0$）とします．ジャイロボーイが直立状態で安定している場合，ジャイロセンサの値は初期値と同じ値となります．このとき，現在の位置と目標位置とは同じ位置となり，モータの回転方向とパワーは 0 となります．しかし，図 6.18(b) のようにジャイロボーイが傾いた場合，ジャイロセンサは，傾き θ を検出します．ロボットが安定しているときの床からジャイロセンサまでの距離を h とすると，目標位置は

目標位置 $= h \sin \theta$

となります．これにより，P 制御は

P 制御 $= K_p \times (h \sin \theta - 0)$ [6-16]

となります．ここで，P 制御内の目標までの距離 $(h \sin \theta - 0)$ を curr_err とすると，I 制御は比例定数 K_i と誤差の累積の積であるため

I 制御 $= K_i \times$ (acc_err)

acc_err $=$ acc_err $+$ curr_err $\times$ dt [6-17]

となります．1 つ前の curr_err を prev_err とすると，D 制御は

D 制御 $= K_d \times$ (dif_err)

6-16) ジャイロボーイのP 制御では，ジャイロボーイが安定した状態からどのくらい傾いているかを毎回求めるため，現在値は毎回 0 として計算を行います．

6-17) dt の値は計算のループタイミングによって決定します．

$$\text{dif\_err} = (\text{curr\_err} - \text{prev\_err})/dt$$

となります．dt は PID 制御のループ間隔となります．PID 制御は P 制御，I 制御，D 制御の総和で求めることができます．

PID 制御 = P 制御 + I 制御 + D 制御

ジャイロボーイプログラムの PAD を図 6.19 に示します．

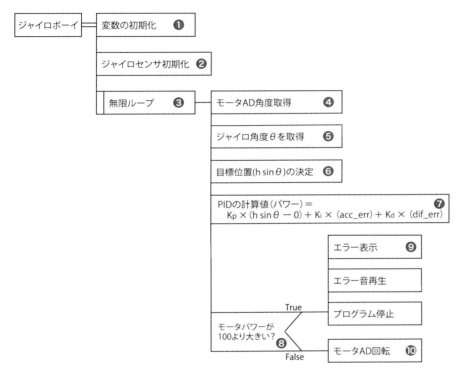

図 6.19 ジャイロボーイプログラムの PAD

初期設定として，❶で変数の初期化をおこなったのち，❷でジャイロセンサの初期化を行います．次に，現在のモータの角度❹とジャイロセンサの角度❺を取得します．ジャイロセンサの傾き（回転角）とジャイロセンサの床からの距離を用いて，目標位置を求め❻，モータパワーを PID の計算によって求めます❼．❽で求めたパワーが 100 以下かどうか（現実に動作可能か）の判定を行います．パワーが 100 以上の場合，❾のようにエラー表示とエラー音を再生してプログラムは停止します．パワーが 100 以下であれば，モータの回転を実行します❿．これを❸の無限ループで繰返します．[6-18]

[6-18] Laurens Valk 氏のジャイロボーイプログラムでは，
$K_p = 0.5$
$K_i = 11$
$K_d = 0.005$
となっています

アルゴリズムのEV3-SWとNXCプログラムはEV3-SWに付属のソフトではなく，Laurens Valk氏が作成したEV3-SW用プログラムでの学習が良いでしょう．[6-19]NXCプログラムは，本書のサポートWebページにあります．

■■ 演習問題 ■■

・基本問題

6-1. 超音波センサの距離に反比例した半径の円を下図のように表示しましょう．

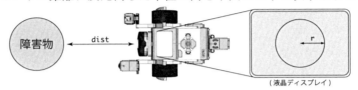

6-2. 6.2節のロボットに教示する回数を10回と固定ではなく，EV3本体のセンターボタンで記録を終了して，記録した回数のみ再生するプログラムに変更してみましょう．

6-3. ジャイロボーイをライントレースしながら倒立するように変更してみましょう．

[6-19] Self-Balancing EV3 Robot
Laurens Valk氏のジャイロボーイプログラムは，
http://robotsquare.com/2014/07/01/tutorial-ev3-self-balancing-robot/
にあります．

7 ロボット大会に参加しよう（競技編）

前章までは，ロボットの基本動作から高度な制御までのプログラムについて学びました．思い通りにロボットを動かすことはできたでしょうか？

ここからは，実際のロボット競技を題材として，どのようにロボットプログラミングを実現していくかを実践的に学びます．本章では，ロボット競技会 WRO（World Robot Olympiad：ワールド ロボット オリンピアード）[7-1] の内容を参考にしてライントレースロボットについて学びます．

7-1）WRO ジャパン
http://www.wroj.org/

> **この章のポイント**
> → 競技用ロボットを考えよう
> → カラーセンサを使いこなそう
> → 速いロボットを作るには

7.1 自律型ロボット競技 WRO

WRO は，LEGO Mindstorms を使った自律型ロボットによる競技会です．[7-2] 世界中の小学生・中学生・高校生が参加してプログラムによるロボット制御を競う世界大会です．国際交流も行われ，教育的なロボット競技への挑戦を通じて，創造性と問題解決力の育成を目指しています．国内では，全国にて地区予選が開催され，地区予選の優秀チームは WRO JAPAN 決勝大会に進むことができます．また，国内決勝大会の上位チームは世界大会へと進出することができます．本章では，東海地区の WRO 予選会である CU-Robocon [7-3] の競技参加を目標に，競技用自律型ロボットを作成していきましょう．

7-2）WRO は，2004 年にシンガポールにて第 1 回大会が開催され，その後，毎年世界中のどこかで世界大会が開催されています．内容は，小学生，中学生，高校生部門と分かれ，その競技の難易度も異なります．世界大会へ出場するには，国内各地で開催される予選を突破し，東京で行われる国内決勝を勝ち進まないといけません．

7-3）CU-Robocon
中部大学（愛知県）では，WRO 東海地区予選（小学生，中学生，高校生部門）が毎年開催されています．
http://www3.chubu.ac.jp/cu-robocon/

7.2 競技について

本節では，競技の概要，コース，得点方法について説明します．競技内容は，WRO 東海地区予選 CU-Robocon を参考にし，次のようなルールとします．

7-4) カラーの競技コースは口絵にあります.

7-5)

円柱とオブジェクト

7-6) サウンドの再生は，CU-Robocon 小学生部門大会の特別ルールです.

7-7) コースの詳細データは，サポート Web ページにもあります.

7-8) CU-Robocon2016 小学生部門大会では，ミッションを 35 秒で完了したチームが優勝しました.

≪ 競技概要 ≫

本章で用いるコースは，図 7.1 の WRO レギュラーカテゴリーミドル競技用コースを使用します7-4).ゾーン 1 にあるカラータイルの色は緑，赤，青のいずれかになります．黒ゾーン B の中央には，高さ 100mm の円柱が固定してあり，その上に正方形に組まれたブロック（オブジェクト）が置いてあります．7-5) ロボットは，スタートエリアからスタートし，指示されたラインに沿って進み，ゾーン 1 に入ります．ゾーン 1 内にあるカラータイルの色を読み取り，緑であればゴールゾーン A，赤であれば B，青であれば C と判断します．その後，黒ゾーン B のブロックを回収して，ゴールゾーン A，B，C のいずれかのゴールへ戻ります．ゴールゾーンでは，壁に接触しない状態で停止し，サウンドを 2 回鳴らします．7-6)

≪ コース ≫

競技コースの大きさは，縦横 900 × 1800mm となります．ライントレースのコースは半径 75mm 以上の曲線または直線の組合わせで作られ，毎年変更されます．ライントレース用の黒ラインの幅は 20mm です．黒ゾーン B の円柱は，直径 50mm，高さ 100mm で，コースに固定されています．黒ゾーン B の円柱の上に赤いレゴブロック（2 × 4 を 4 個で作成）で作られたオブジェクトが置いてあります．コースの周囲は白色の壁で囲まれており，その高さは 90mm です．7-7)

≪ 得点 ≫

スタートからライントレースしてゾーン 1 に到達すると 20 ポイントとなります（ライントレース）．次に，黒ゾーン B 上にあるオブジェクトを除去すると 20 ポイント加算されます（オブジェクトの除去）．さらに，オブジェクトを床に接触させずに指定されたゴールゾーンへ運搬すると 20 ポイント加算されます（オブジェクトの運搬）．また，指定されたゴールゾーンで停止すると 20 ポイント加算されます（ゴール）．最後に指定されたゴールゾーン内に入り，壁に触れずに停止した状態でサウンドを 2 回再生することができると 20 ポイント（サウンド）加算されます．各ポイントの合計が得点となります．同点の場合は，早くゴールしたチームが上位となります．7-8)

得点 (100)＝ ライントレース (20)＋ オブジェクトの除去 (20)＋ オブジェクトの運搬 (20)＋ ゴール (20)＋ サウンド (20)

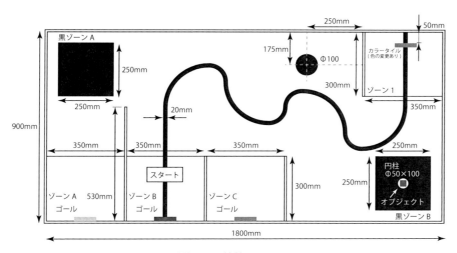

図 7.1 競技コース

7.3 競技ロボットを考えよう

7.3.1 ロボットの設計

図 7.1 のコースをクリアするためには，以下の動作を実現する必要があります．

- ライントレース
- ゴールゾーンの判断
- オブジェクトの運搬
- ゴールゾーンへの移動
- ゴールゾーンでサウンドの 2 回再生

各動作をどのように実現するか考えてみましょう．

・ライントレース

競技の一番最初の動作は，ライントレースです．ライントレースをスムーズに行うため，図 7.2 のように，カラーセンサをロボットのなるべく中心に近い位置に下を向けて取り付けます．これにより，ライントレースの右と左の旋回角度が対称となり，黒いラインをロボットの中心で見つけることができます．また，カラーセンサは床面から離れすぎてしまうと，外からの光の影響を受けやすくなります．逆に床面とカラーセンサが近すぎると，LED の

反射光が受光部分に入らず，うまくライントレースができないことがあります．そのため，床面とカラーセンサを最適な距離にすることが大切です．実際の黒いライン部分と白の部分の明るさは，EV3本体の「Port View」（コラム7を参照）を使用して調べるとよいでしょう．

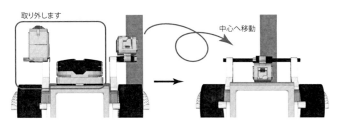

図 7.2 カラーセンサの移動

・ゴールゾーンの判断

　ライントレースの黒い線は，スタートからゾーン1へとつながっており，ゾーン1のライントレースの終わりにカラータイルが貼ってあります．このカラータイルは，3色（緑，赤，青）あり，それぞれの色によってゴールするゾーンが異なります．たとえば緑色のカラータイルの場合は，ゾーンAがゴールとなります．7-9) そのため，ゾーン1のカラータイルが何色かをカラーセンサで読み取る必要があります．

7-9)
カラータイル：ゴールゾーン
緑色：ゾーンA
赤色：ゾーンB
青色：ゾーンC
となります

・オブジェクトの運搬

　ゴールゾーンの判断が終わると，次に黒ゾーンBの円柱上にある四角形のブロック（オブジェクト）をピッキングして，床に落とさないようにゴールゾーンへ運搬する必要があります．円柱の高さは100mmですので，それよりも高い位置にブロックをピッキングするハンド（エンドエフェクタ）7-10)を取り付ける必要があります．

7-10) エンドエフェクタ
ロボットが対象物に直接働きかける機能を持つものをエンドエフェクタと呼びます．エンドエフェクタの種類には，グリッパ，多指ハンド，吸着などがあります．

・ゴールゾーンへの移動

　ゾーン1にあるカラータイルで判断したゴールへ移動します．ゾーンAやCのゴールにはラインが無いので，直進や旋回を組み合わせてゴールゾーンへの移動を実現します．ロボットは，左右のモータ特性の違いにより正しく直進してくれない場合があります．また，ロボットが壁に衝突することで進行方向が変わることもあります．アルゴリズム通りに正しいゴールゾーンまで走行するプログラムを作ることが重要になります．

・ゴールゾーンでサウンドの2回再生

　ゴールゾーンでは，どの壁にも触れずに停止して，サウンドを2回再生す

る必要があります．ロボットが壁に接触していると得点にならないので，一度壁にぶつかり，その後に少しだけ後退して壁から離れるとよいでしょう．

7.3.2 プログラムの設計

ロボットの設計でも説明したように，ライントレース，色の判断，オブジェクトの運搬，移動，サウンドの再生の5つの動作が必要になります．

そのためには，前章までに学んだ，カラーセンサによるライントレースプログラム，タッチセンサによるオブジェクトの回収，移動のプログラムを組み合わせる必要があります．まずは，ひとつひとつの動作を実現して，最後に組み合わせましょう．

7.4 競技ロボットを作ろう

競技をクリアするためにはどのような動作が必要かわかったところで，実際にロボットを作ってみましょう．ライントレース競技ロボットの構成は，表7.1とします．

表 7.1 ライントレース競技用ロボットの構成

ポート	種類	名前
入力ポート 1	タッチセンサ	CH_1
3	カラーセンサ	CH_3
出力ポート A	M モータ	OUT_A
B	左モータ	OUT_B
C	右モータ	OUT_C

7.4.1 ライントレースのプログラム

§5.4.3のライントレース（89ページ）と同様に考えます．しかし，この競技はライントレース競技だけではないため，ライントレース動作（ループプログラム）の終了後に次の動作へ移行する必要があります．§5.4.3のライントレースは無限ループで実現されていたので，今回はループの終了条件を設定する必要があります．ライントレースの終了条件は，ゾーン1にあるカラータイルの色を読み取ることです．カラータイルは，緑色，赤色，青色のいずれかとなるため，表7.2のようにカラーセンサの色を0～7の整数で読み取ります．また，§5.4.3のライントレースでは，床への反射光の値を0～100の連続値で読み取り，黒か白かの判断をしていましたが，ここでは黒と白のカラーの値（黒：1，白：6）を使用してプログラムを作ります．ライントレースアルゴリズムのPADは，図7.3のようになります．

表 7.2 色とカラーセンサの読み取り値

色	黒	青	緑	黄	赤	白	茶
カラー番号	1	2	3	4	5	6	7

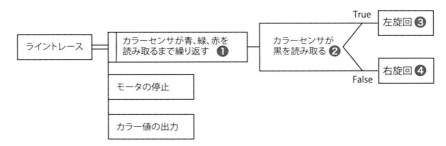

図 7.3 ライントレースの PAD

アルゴリズムの EV3-SW と NXC のプログラムは次のようになります．

■ EV3-SW プログラム

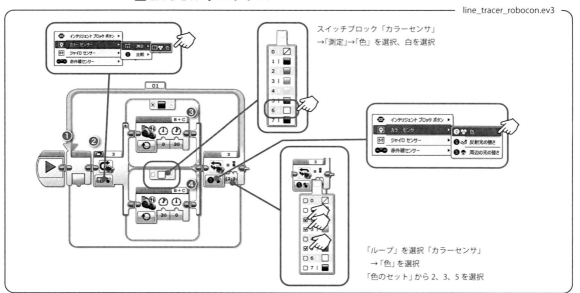

・プログラミングブロックの解説

　このプログラムでは，ループブロックを使用します．ループブロックは，決まった回数を繰り返す処理や無限ループとして利用されますが，今回は終了条件を満たすまで繰り返すように設定します．❶のループブロックの条件を［カラーセンサ］の［色］を選択します．次に，ループの停止条件の色を選択

します．今回のプログラムは，青，緑，赤のいずれかのカラータイルを見つけるまでライントレースを繰り返すプログラムとするため，ループの終了条件の色を2（青），3（緑），5（赤）選択します．これにより，カラーセンサが終了条件の色を見つけるまでループの中を繰り返します．

❷のスイッチブロックは［カラーセンサー］から［測定］の［色］を選択します．ここでは，カラーセンサの下にある色は黒か白かを判断します．黒の場合は上段，白の場合は下段を実行します．上段に分岐（黒）した場合，❸の移動ブロックが実行され，ロボットは右のモータのみ回転させるため左旋回します．下段に分岐（白）した場合，❹の移動ブロックが実行され，ロボットは左のモータのみ回転し，右旋回となります．

■ NXC プログラム[7-11)]

line_tracer_robocon.c

```
#include "./jissenPBL.h"
#define MOVE_TIME 1
#define POW_L 30
#define POW_H 50

void forward( int time ){ （省略） }
❸ void turn_left( int time ){ （省略） }
❹ void turn_right( int time ){ （省略） }

double line_trace()
{
  int color_i = 0;
❶ while(true){
    color_i = getSensor(CH_3);
    if(color_i == 2 || color_i == 3 || color_i == 5)break;
❷  if(color_i == 1){
❸    turn_left(MOVE_TIME);
    }else{
❹    turn_right(MOVE_TIME);
    }
  }
  Off(OUT_BC);                  // モータの停止
  return color_i;               //color_i を戻り値として返す
}
```

続く⇒

7-11) 関数 forward() は，104 ページにあります．
関数 turn_left() は，104 ページにあります．
関数 turn_right() は，104 ページにあります．

```
 ┌─ 続き ─────────────────────────────── line_tracer_robocon.c ─┐
 │  int main()                                                   │
 │  {                                                            │
 │    int color_i = 0;                                           │
 │                                                               │
 │    OutputInit();              // モータ初期化                 │
 │    initSensor();              // センサ初期化                 │
 │    ButtonLedInit();           // ボタン初期化                 │
 │                                                               │
 │    setSensorPort(CH_3,COLOR,2);// カラーセンサの設定          │
 │    startSensor();             // センサの使用開始             │
 │                                                               │
 │    color_i = line_trace() ;// ライントレースの関数へ戻り値を color_i に代入 │
 │                                                               │
 │  }                                                            │
 └───────────────────────────────────────────────────────────────┘
```

・プログラムの解説

センサを使用するため，setSensorPort 命令を用いて CH_3 を COLOR としてカラーセンサとします．カラーセンサのモードは，色を判断する2とします．関数 line_trace() の中では，無限ループ❶が実行されます．getSensor(CH_3) 命令は，カラーセンサの読み取り値を0～7の整数として変数 color_i に代入します．変数 color_i の値が2（青），3（緑），5（赤）であれば break 文により，無限ループから出て，関数 line_trace() のプログラムは終了します．**戻り値**としてカラーセンサの読み取り値が関数 main() 内の変数 color_i に代入されます．カラータイルが無い場合は，❷の if 文で黒のライン上にセンサがあるのかを判断します．黒のライン上にセンサがある場合（センサの読み取り値が1の場合），❸の関数 turn_left() が実行され，ロボットは左に旋回します．ちなみにロボットの旋回時間は，プログラムの最初に MOVE_TIME として設定してあります．時間は 1/1000 秒つまり一瞬だけモータを回転させます．反対にカラーセンサが白の部分にあるときロボットは，❹の関数 turn_right() が実行され，右旋回します．

7.4.2 オブジェクト回収プログラム

円柱の上にあるオブジェクトをピッキングするハンドを図 7.4 のように作ります．7-12) モータは M モータを使用します．モータの回転がウォームを回転させてウォームギアに動力を伝えます．ウォームが回転すると徐々にハンドが閉じる仕組みとなります．ハンドの動作開始の判定には，円柱の衝突をタッチセンサで読み取り，モータを回転させてハンドを閉じます．このアルゴリズムの PAD は，図 7.5 となります．

7-12) ここで紹介するオブジェクト回収ハンドの組み立て方法は，サポート Web ページ http://robot-programming.jp/ にあります．

7.4 競技ロボットを作ろう   133

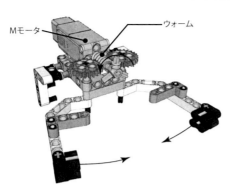

図 7.4 オブジェクト回収ハンド

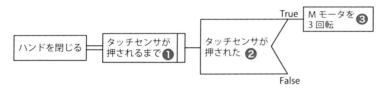

図 7.5 オブジェクト回収ハンドの PAD

このアルゴリズムの EV3-SW と NXC のプログラムは次のようになります.

■ EV3-SW プログラム

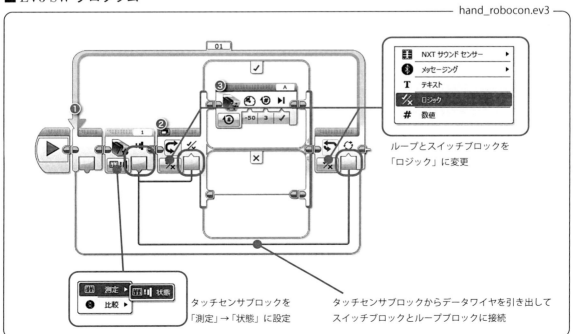

・プログラミングブロックの解説

❶のループブロックの条件を［ロジック］に変更します．同じように❷のスイッチブロックの条件も［ロジック］に設定します．タッチセンサの状態を出力するために，タッチセンサブロックの設定を［測定］の［状態］とします．タッチセンサブロックからデータワイヤ[7-13)]を引き出し，スイッチブロックとループブロックに接続します．タッチセンサが押されると，❷のスイッチブロックの上段が実行され，❸のモータブロックによりMモータAを3回転させます．

7-13) データワイヤ

ブロックの間で，データのやりとりを行う際にデータワイヤを使用します．データワイヤは，数値・テキスト・ロジックによって色が異なります．

■ NXC プログラム

hand_robocon.c

```
#include "./jissenPBL.h"
#define POW_H 50

❸ void close_hand()
{
    RotateMotor(OUT_A, -50, 3*360);
}

int main()
{

    int touch_i = 0;

    OutputInit();              // モータの初期化
    initSensor();              // センサの初期化
    ButtonLedInit();           // ボタンの初期化

    setSensorPort(CH_1, TOUCH, 0);   // タッチセンサの使用
    startSensor();

❶   do{
        touch_i = getSensor(CH_1);
❷     if( touch_i == 1){
❸       close_hand();
        }
    }while(touch_i == 0);
}
```

7-14) RotateMotor()
モータの角度指定回転
RotateMotor(出力ポート，パワー，回転角度)
指定した角度でモータを回転することができます．

・プログラムの解説[7-14)]

setSensorPort命令を用いてCH_1をTOUCHとしてタッチセンサとします．❶の無限ループでタッチセンサの反応を待ちます．getSensor命令により，入力ポート1のタッチセンサの状態を読み取り，変数touch_iに代入します．タッチセンサは，押されていない状態は0，押された状態は1となります．❷のif

文で，タッチセンサの値が 1（押された）のときに，❸の関数 close_hand() により出力ポート A のモータを回転させます．モータの回転は，今までの OnFwdEx 命令ではなく，ここでは RotateMotor() 命令を用います．ハンドを閉じるためには，モータを 3 回転する必要があるため，RotateMotor(OUT_A, -50, 3*360) により，出力ポート A のモータをパワー 50 で 3 × 360 度回転させます．EV3 のモータには，ロータリーエンコーダというモータの回転角を調べるセンサが内蔵されています．これにより，角度を指定してモータを正確に回転することができます．

7.4.3 プログラムの合体

基本のトレーニングロボットのカラーセンサの位置を中央に，タッチセンサを後ろに移動，オブジェクト回収ハンドを取り付けて図 7.6 のように競技用ロボットを完成させましょう．7-15)

7-15) ここで紹介する競技用ロボットの組み立て方法は，サポート Web ページ http://robot-programming.jp/ にあります．

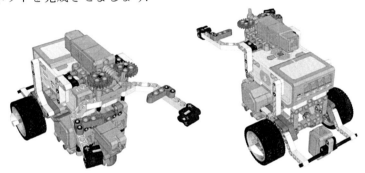

図 7.6　競技用ロボット

競技コースをクリアするために，ライントレースやオブジェクト回収ハンドのプログラムを実現しました．ただし，個々のプログラムが完成しただけでは，コースをクリアすることはできません．ライントレース終了のゾーン 1 にあるカラータイルの色を判断して，ゴールするゾーンを判断するプログラムや，ゴールゾーンへ移動してサウンドファイルを再生するプログラムも必要となります．ここでは，これまで実現したライントレースとオブジェクト回収ハンドのプログラムを合体して一つのプログラムにします．そして，目的のゴールゾーンに移動するプログラムとサウンド再生のプログラムを追加して競技用プログラムを完成させましょう．

完成した競技ロボットの PAD は，図 7.7，図 7.8 のようになります．また，アルゴリズムの EV3-SW と NXC のプログラムは次のようになります．

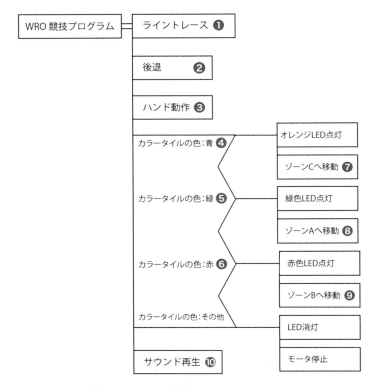

図 7.7　WRO 競技ロボットの PAD 1

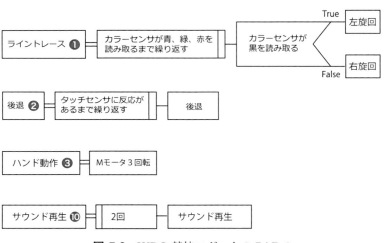

図 7.8　WRO 競技ロボットの PAD 2

■ EV3-SW プログラム

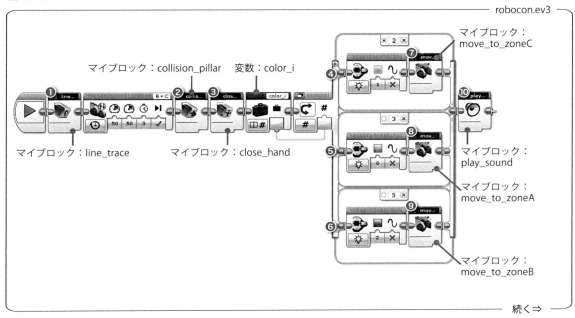

・プログラミングブロックの解説

　プログラム robocon.ev3 は，ライントレースやオブジェクト回収などのプログラムをそれぞれ**マイブロック化**します．マイブロックはそれぞれ，

　　❶ ライントレース：line_trace
　　❷ 円柱への衝突：collision_pillar
　　❸ オブジェクト回収：close_hand
　　❼ ゾーン C へ移動：move_to_zoneC
　　❽ ゾーン A へ移動：move_to_zoneA
　　❾ ゾーン B へ移動：move_to_zoneB
　　❿ サウンドの再生：play_sound

とします．

　❶のマイブロック line_trace では，❶-2 のカラーセンサの値を❶-3 の color_i という名前の変数ブロックにデータワイヤを接続して代入します．変数 color_i の値は，[読み込み]の[値]として❶-4 よりスイッチブロックに接続します．スイッチブロック内では，color_i の値が 1（黒）であれば❶-5 のタンクブロックにより，ロボットは左旋回します．color_i の値が 6（白）であれば❶-6 のタンクブロックにより，ロボットは右旋回します．

第 7 章 ロボット大会に参加しよう（競技編）

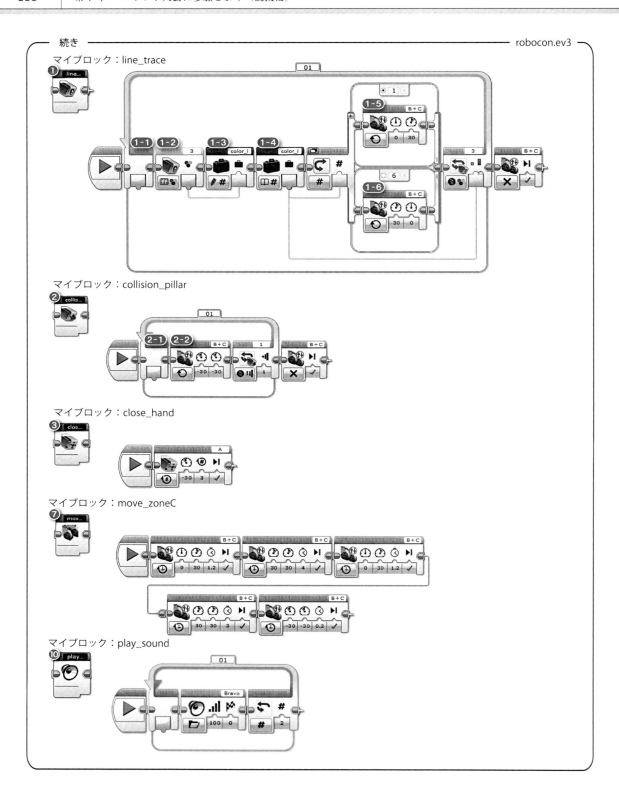

カラーセンサが 2（青），3（緑），5（赤）となると，ループブロック❶-1 が終了し，モータが停止してマイブロック内のプログラムが終了します．そのあと，3 秒前進するタンクブロックを実行します．これは，ロボットを 3 秒間前進して壁に勢いよく衝突させることにより，ロボットの角度を調整しています（コラム 9 参照）．

　❷のマイブロック collision_pillar は，円柱に衝突するまでロボットを後退します．ループ❷-1 の終了条件をタッチセンサが押されるまでとします．これにより，ループの中のタンクブロック❷-2 は，タッチセンサが押されるまで実行します．次に，❸のマイブロック close_hand を実行し，M モータを 3 回転させてハンドを閉じます．

　ライントレースの最後にカラータイルがあり，カラータイルの色でゴールゾーンが決まります．このカラータイルの色（値）は，変数 color_i に代入されているため，[読み込み] の [値] としてゴールゾーンへ移動するスイッチブロックへデータワイヤを接続します．このときスイッチブロックは [数値] とします．変数 color_i の値が 2（青色）のときは，分岐❹が実行され，インテリジェントブロックステータスライトブロックにより，LED を点灯します．今回は青色に点灯させることができないため，カラータイルが青色の場合はオレンジ色を点灯させることとします．そのあと❼のマイブロック move_to_zoneC を実行します．同様に，変数 color_i の値が 3（緑色）のときは，分岐❺が実行されるため緑色の LED が点灯して❽のマイブロック move_to_zoneA が実行します．変数 color_i の値が 5（赤色）のときは，分岐❻の赤色の LED の点灯と❾のマイブロック move_to_zoneB が実行します．その後，❿のマイブロック play_sound を実行して，Bravo が 2 回再生されてプログラムが終了します．

7-16)
関数 forward() は，104 ページにあります．
関数 backward() は，104 ページにあります．
関数 turn_left() は，104 ページにあります．
関数 turn_right() は，104 ページにあります．

■ NXC プログラム[7-16)]

robocon.c

```
#include "./jissenPBL.h"
#define MOVE_TIME 1
#define TURN90 2500
#define POW_L 30
#define POW_H 50

void forward( int time ){ （省略） }
void backward( int time ){ （省略） }
void turn_left( int time ){ （省略） }
void turn_right( int time ){ （省略） }
```

❶
```
int line_trace()
{
  int color_i = 0;
  do{
    color_i = getSensor(CH_3);        // 色番号を color_i に代入

    if(color_i == 1){                 // 白と黒の判定
      turn_left(MOVE_TIME);
    }else{
      turn_right(MOVE_TIME);
    }
  }while(color_i != 2 && color_i != 3 && color_i != 5);
Off(OUT_BC) ;                         // モータ停止
return color_i ;                      //color_i を戻り値とする
}
```

❷
```
void collision_pillar()
{
  int touch_i = 0;
  do{
    touch_i = getSensor(CH_1);
    OnRevEx(OUT_BC,POW_H,0);
  }while(touch_i == 0);
  Off(OUT_BC);
}
```

❸
```
void close_hand()
{
  RotateMotor(OUT_A, -50, 3*360);
}
```

続く⇒

・プログラムの解説

　前節で説明した line_tracer_robocon.c，hand_robocon.c を一つのプログラムにして目的のゴールゾーンに移動するプログラムです．main() では，

```
                                                               ─ robocon.c ─
  ─ 続き ─
❽ void move_to_zoneA(){
      ( ゾーン A へ移動するプログラム )
  }

❾ void move_to_zoneB(){
      ( ゾーン B へ移動するプログラム )
  }

❼ void move_to_zoneC(){
      forward(100);
      turn_left(TURN90);
      forward(3000);
      turn_left(TURN90);
      forward(4000);
      backward(200);
  }

❿ void play_sound(){
      int i;
      for(i=0;i<2;i++){
          PlayFile("/home/root/lms2012/prjs/Bravo.rsf");
          Wait(500);
      }
  }
                                                               ─ 続く⇒ ─
```

タッチセンサ (CH_1)，カラーセンサ (CH_3) の設定を最初に行います．次に❶ライントレースの関数 line_trace() を実行します．関数 line_trace() では，CH_3 のカラーセンサの読取り値を変数 color_i に代入し，値が 2 (青色)，3 (緑色)，5 (赤色) に当てはまるかをチェックします．もし，3 色のどれかである場合は，カラータイルに到達したと判断してライントレースを終了します．このとき変数 color_i を戻り値として関数 main() へ返します．変数 color_i の値がカラータイルの色でない場合は，ライントレースを行います．変数 color_i が 1 (黒) の場合，関数 turn_left() が実行され，ロボットは左旋回をします．一方，変数 color_i が 0 (白) の場合は関数 turn_right() が実行され，ロボットは右旋回をします．これをカラータイルが見つかるまで繰り返します．

　関数 line_trace() が終了し，プログラムが関数 main() に戻ると，次に関数 forward(3000) を実行します．これは，ロボットを 3 秒間前進して壁に勢いよく衝突させることにより，ロボットの角度を調整しています (コラム 9 参照)．その後，❷の関数 collision_pillar() を実行します．getSensor 命令で得たタッチセンサの値を変数 touch_i に代入し，円柱に衝突する (CH_1 が 1 になる) まで後退を繰り返します．円柱に衝突し，変数 touch_i の値が

続き ─────────────────────────── robocon.c
```c
int main()
{
  int color_i = 0;

  OutputInit();            // モータの初期化
  initSensor();            // センサ初期化
  ButtonLedInit();         // ボタンの初期化
  SoundInit();             // サウンドの初期化

  setSensorPort(CH_1,TOUCH,0);// タッチセンサの設定
  setSensorPort(CH_3,COLOR,2);// カラーセンサの設定
  startSensor();           // センサ使用開始

❶ color_i = line_trace();
  forward(3000);           // ロボットの角度調整
❷ collision_pillar();
❸ close_hand();

  switch (color_i) {
❹ case 2:
    SetLedPattern(LED_ORANGE);
❼   move_to_zoneC();
    break;
❺ case 3:
    SetLedPattern(LED_GREEN);
❽   move_to_zoneA();
    break;
❻ case 5:
    SetLedPattern(LED_RED);
❾   move_to_zoneB();
    break;
  default:
    SetLedPattern(LED_BLACK);
    Off(OUT_BC);
    break;
  }
❿ play_sound();
}
```

1になると，do-whileのループから出て関数main()に戻ります．
　オブジェクトを回収する❸の関数close_hand()では，RotateMotor命令によりポートAのMモータを3回転します．RotateMotor命令は角度を指定してモータを回転させる命令ですので3*360とすることでモータを3回転させてハンドを閉じます．オブジェクト回収後は，カラータイルの色によって決められたゴールへ移動します．ライントレースの関数line_trace()の戻り値として変数color_iにカラーセンサの読取り値を代入するため，その値によってゴールの場所が決まります．その際，カラーセンサが読み取った値が

わかるように EV3 本体の LED を光らせるプログラムとします．EV3 本体の LED を光らせる命令は SetLedPattern 命令を使用します．今回，青色に点灯させることができないため，カラータイルが青色の場合はオレンジ色を点灯させることとします．多重条件分岐には switch 文を用います．変数 color_i が 2（青色）の場合，❹の case 2 が実行され，❼の関数 move_to_zoneC() が実行され，ゴールゾーン C へロボットが移動します．同様に緑色の場合は❺，❽を実行し，ゴールゾーン A に移動します．[7-17] ❼の関数 move_to_zoneC() では，後退 - 左旋回 - 前進 - 左旋回 - 前進 を実行してゴールゾーンへ移動します．今回の競技ではゴールの条件として，ロボットが壁に接触していない状態である必要があるため，プログラムの最後に関数 backward(200) を実行して少しだけ後退しています．ロボットの条件やコースの条件によって Wait 命令の時間を調整する必要があります．

それぞれのゴールに到達すると❿の関数 play_sound() が実行され，ファイル Bravo.rsf が 2 回再生され，プログラムが終了します．

7-17) カラーセンサの値が 2，3，5 以外のときは，LED が消灯してモータが停止します．本来であれば，この動作は起こらないはずですが，カラーセンサの誤判定の可能性もあり得るため設定してあります．

コラム 9：壁を使って角度修正

モータは，同じ種類，同じロットの製品でも個体差というものがあります．EV3 の中にあるモータも，同じ製品でありながら特性が微妙に異なります．また，モータの使用頻度による消耗や，タイヤ条件，重量バランスなどによりロボットが思うように直進してくれない場合があります．超音波センサなどを使用して，壁と並行に一定の距離で走るという方法もありますが，一定のタイミングで，壁を使ってロボットの角度を修正して次の動作に移るという方法があります．少し強めのパワーと時間で壁にぶつかることにより，ロボットの角度を修正するという方法です．長い直線などでロボットが斜めになってしまったとき，この方法でロボットの角度を整えると，次の動作の成功率が高まります．ロボットの大会などでよく見かけるテクニックの 1 つです．下の図はライントレースが終わり，カラータイルを見つけた瞬間になります．カラータイルを見つけてライントレース動作終了後に，連続して次の動作を実行してしまうと壁に対して垂直に後退してくれません．一度前進して壁を使ってロボットの角度を修正することによって，壁に対して垂直に後退することができるようになります．

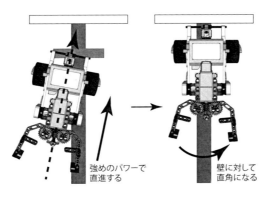

7.4.4　速いライントレースの実現

今回の競技ルールでは，EV3 の基本セットを 1 セットのみ使用というルールがあるため，大会には参加できませんが，より早いライントレースを実現するために，ここでは，図 7.9 のようにカラーセンサを 2 個使用する方法を紹介します．

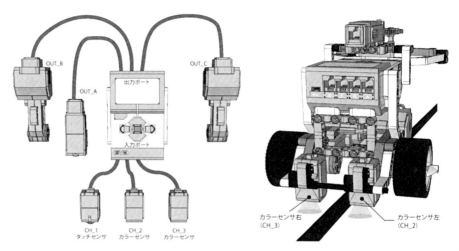

図 7.9　2 つのカラーセンサの接続　　図 7.10　ライントレース競技用センサ配置

表 7.3　走行アルゴリズム

左 (CH_2)	右 (CH_3)	OUT_B	OUT_C	動作
白	白	Fwd	Fwd	前進
黒	白	Off	Fwd	左旋回
白	黒	Fwd	Off	右旋回

2 つのカラーセンサは，図 7.10 のように黒いラインの両脇に配置します．また，ロボットの初期位置は必ず黒のラインがロボットの中心にくるように配置します．2 つのカラーセンサの読取り結果に対応した動作を表 7.3 に示します．表 7.3 の走行アルゴリズムでは，左右のカラーセンサ (CH_2 と CH_3) が白と判断したときロボットは前進するので，速いスピードでライントレースすることができます．ロボットを速く動かすにはプログラムだけではなくハードとの特性を組み合わせて考えるとよいでしょう．2 つのカラーセンサを用いたライントレースアルゴリズムの PAD は，図 7.11 のようになります．

7.4 競技ロボットを作ろう　　145

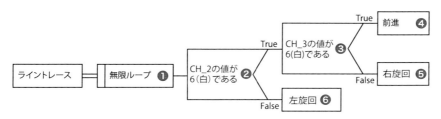

図 7.11 ライントレースの PAD

アルゴリズムの EV3-SW と NXC のプログラムは次のようになります．

■ EV3-SW プログラム

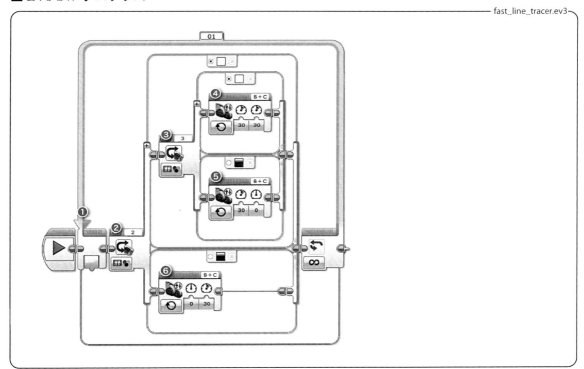

・プログラミングブロックの解説

　2 つのカラーセンサを使用する場合，どちらか片方のセンサの読取り値が 6（白）であるかを順番に判断していきます．❷のスイッチブロックで最初にポート 2 のカラーセンサの読取り値を調べます．6（白）の場合は上段，1（黒）の場合は下段を実行します．❷で上段に分岐した場合，今度は❸のスイッチブ

ロックでポート 3 のカラーセンサの読取り値を調べます．❷と同様に 6（白）の場合は❹のタンクブロックが実行され前進します．1（黒）の場合は，ポート 3 のセンサの下に黒のラインがあると判断して，❺のタンクブロックによりロボットは右旋回します．また，ポート 2 のセンサの下に黒ラインがある場合は，❻のタンクブロックによりロボットは左旋回します．

■ NXC プログラム[7-18]

7-18)
関数 forward() は，104 ページにあります．
関数 turn_left() は，104 ページにあります．
関数 turn_right() は，104 ページにあります．

fast_line_tracer.c

```
#include "./jissenPBL.h"
#define MOVE_TIME 1
#define POW_L 30

❹ void forward(int time){ (省略) }
❺ void turn_left(int time){ (省略) }
❻ void turn_right(int time){ (省略) }

  void line_trace()
  {
    int color_R=0, color_L=0;
❶   while(true){
      color_L=getSensor(CH_2);
      color_R=getSensor(CH_3);
❷    if(color_L==6){
❸      if(color_R==6){
❹        forward(MOVE_TIME);
        }else{
❺        turn_right(MOVE_TIME);
        }
      }else{
❻      turn_left(MOVE_TIME);
      }
      if(ButtonPressed(BTN1))break;   // プログラム停止用
    }
    Off(OUT_BC); //Stop motors
  }
```

続く⇒

・プログラムの解説

センサを 2 つ使用するため，それぞれ SetSensorPort 命令を用いて CH_2 と CH_3 をカラーセンサとして宣言します．2 つのカラーセンサの値の組合わせにより 3 つの処理（前進，左旋回，右旋回）に分岐します．この分岐を 2 つの if 文を用いて実現します．

───続き─────────────────────────── fast_line_tracer.c ──
```
int main()
{
  OutputInit();              //モータ初期化
  initSensor();              //センサ初期化
  ButtonLedInit();           //ボタン初期化

  setSensorPort(CH_2,COLOR,2);//CH_2をカラーセンサに設定
  setSensorPort(CH_3,COLOR,2);//CH_3をカラーセンサに設定
  startSensor();

❶ line_trace();              //ライントレース

  closeSensor();
}
```

まず，❷の if 文では，左のセンサ (IN_2) 上に黒のラインがあるかどうかを判定します．左のセンサの値が 6（白）の場合は，黒ラインが 2 つのセンサの間，もしくは右のセンサ上にあると考えます．2 つのセンサの間に黒ラインがある場合，右のセンサ (IN_3) の読取り値も 6（白）となるので，❹の前進が実行されます．右のセンサ上に黒のラインがある場合は，右のセンサの読取り値が 1（黒）となり，❺が実行され，右に旋回します．同様に，左のセンサの読取り値 1 ならば，左のセンサ上に黒のラインがあるため，❻が実行され，左に旋回します．

7.5 競技会に参加しよう

　WRO に限らず，ロボット競技会においては発想力やチームワークが要求されます．また，限られた時間で効率よくロボットを作り，改良を加えていく必要があります．8 章以降では，そのような競技会に参加する上で役に立つノウハウをまとめました．アイディアに困ったとき，話し合いがうまくいかないときは，8 章「ロボット作り上達のために」を参考にしましょう．また，ロボットをもっと効率よく作れるようになりたいと思ったら，9 章「コース攻略法を考えよう（モデリング入門）」，10 章「リフレクションをしよう」で紹介した作業の進め方を取り入れてみましょう．本書で学んだ知識を活用して，ぜひロボット競技会にチャレンジしてください！

■■ 演習問題 ■■

・応用問題

7-1. 本章で説明したプログラムとハンド以外の方法で，ミドル競技のコースをクリアしてみましょう．

7-2. WRO のエキスパート競技の内容を調べてみましょう．

コラム 10：ピッキング能力を競うロボット大会：Amazon Robotics Challenge

　ロボットの国際大会にはいろんな競技があります．人間は器用にいろんな形をした物を掴む（把持）ことができますが，ロボットにとっては大変難しい問題です．米国 Amazon 社が主催する「アマゾン・ロボティクス・チャレンジ (Amazon Robotics Challenge)」はロボットによる物流の自動化を競う国際大会で，箱からさまざまな物を取り出し棚に入れたり，棚に入った物を注文通り仕分ける商品のピッキング能力を競います．3 回目の大会は 2017 年 7 月に日本で開催され，10 ヵ国・地域の 16 チーム，日本からは東京大学など 4 チームが参加しました．筆者は中部大学機械知覚ロボティクス研究グループ，三菱電機，中京大学橋本研究室の合同チーム「MC^2」として参加し，Stow Task 部門で日本勢トップの 3 位入賞を果たしました．チーム「MC^2」の協調型ロボットシステムは，ばら積みの多品種の商品を深層学習を用いて画像認識し対象物ごとに適切な把持方法を決定することで，2 種類の吸着型とグリッパー型のハンドを用いた柔軟なピッキングを実現しました．

　2018 年と 2020 年に開催される World Robot Summit は日本（経済産業省，NEDO）が主催するロボットの国際大会で，ものづくり，サービス，インフラ・災害対応，ジュニアの各カテゴリーにて，いろんなチャレンジが設定されています．未来のコンビニを想定したフューチャーコンビニエンスストアチャレンジでは，おにぎり，お弁当などの自動補充および消費期限切れ商品の廃棄を競います．このチャレンジにおいても物のピッキングが重要な課題となっています．

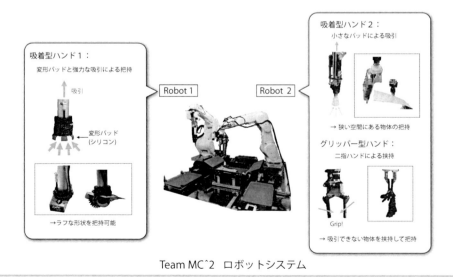

Team MC^2 ロボットシステム

8 ロボット作り上達のために

　この章では，アイディアの出しかたやグループで話し合うときのポイントなど，みなさんの発想を豊かにするためのコツを学びます．また，ロボット作りの基本となるものづくりのプロセスや効果的な作業の進め方について学んでいきます．

> **この章のポイント**
> → おもしろいアイディアの出しかた
> → グループワークのコツ
> → **PDS** サイクル

8.1 おもしろいロボットを考えよう

　ロボット作りが上達してくると，前に作ったロボットよりももっとおもしろいロボットを作りたい！と思うようになるでしょう．しかし，ロボットに関する本には，ロボットの作り方は書いてありますが，おもしろいロボットを作るにはどうしたらよいのかということはほとんど書かれていないのではないかと思います．そこで本章では，おもしろいアイディアを出すにはどうしたらよいのか，また，考えたアイディアをうまく実現するためにはどうしたらよいのかといった，おもしろいロボットを作るためのヒントをいくつか紹介します．

8.1.1 常識にとらわれない

　いくら考えてもありふれたアイディアしか思いつかない，というときがあります．ありふれたアイディアというのは，言い換えると常識にとらわれたアイディアだということです．いったん常識にとらわれてしまうと，新しい発見が困難になります．そのようなときはみなさんの頭の中にある常識の反対を考えてみるのです．たとえばライントレースというと，黒いラインをトレースするイメージがありますが，その反対に明るい部分をトレースするロボットについていろいろ考えてみるのです．たとえば，懐中電灯の明かりを

思いつかないときは，反対のことを考えてみる

2人のアイディアを組み合わせて…

観察するときはメモをとりながら

8-4) 愚かな者，平凡な者も三人集まって相談すれば文殊菩薩（もんじゅぼさつ）のようなよい知恵がでるものだ（ということ）．（広辞苑第六版より）

8-5) 指図する人ばかり多いため統一がとれず，かえってとんでもない方に物事が進んでゆくこと．（広辞苑第六版より）

追いかけるロボット，などというのはちょっとおもしろそうじゃないですか？ 8-1)

8.1.2　アイディアを組み合わせる

一つ一つのアイディアは平凡でも，それらを組み合わせてみることでおもしろいアイディアになることがあります．たとえば，「大きいタイヤで安定感のあるロボット」と「小さいタイヤで小回りのきくロボット」の2つの案を考えたとします．このようなときには，2つのアイディアを組み合わせて「前輪が小さく，後輪が大きいロボット」はどうか，というように考えてみてください． 8-2) 組み合わせるアイディアは，自分の考えたものだけでなく，本に載っているものでも構いません．一見まったく異なるアイディアのほうが，組み合わせたときに新しい発見があります．いろいろなアイディアを組み合わせてみましょう．

8.1.3　身近な物を参考にする

おもしろいアイディアを思いついても，それをどのように実現すればよいのか分からないときがあります．そのようなときは，身の周りにある参考になりそうなものをよく観察してみましょう．たとえば，ショベルカーのようにボールをすくうロボットを作りたいと思ったときは，実際のショベルカーの動きを観察するのです．ショベルの大きさはどのくらいなのか，どのようなメカニズムでショベルが動いているのかなど，ロボット実現のヒントになりそうな情報が得られると思います．このとき，ただ見るのではなく，スケッチを描いたりデジカメで写真を撮ったりしておくと，あとからロボットを組み立てるときに役に立ちます． 8-3)

8.2　グループで協力して作ろう

ロボット作りは大変複雑で時間のかかる作業なので，グループで作業を行うことも多いと思います．そのようなとき，互いに協力しながらうまくロボットを作っていくためにはどのようなことに気をつけたらよいでしょうか．昔から，「三人寄れば文殊の知恵」 8-4) といったことわざがあるように，グループで作業をすることには多くのメリットがあります．しかしその一方で，「船頭多くして船山に上る」 8-5) のように，グループ作業には，デメリットがあることも指摘されています．そこで，みなさんがグループ作業をうまく進めていくためのポイントを紹介します．

8.2.1 アイディアを共有する

1人で作業するときと違って，グループで作業する際には互いの意見やアイディアについて話し合いながら作業を進めていく必要があります．そのとき，ただ頭の中で考えているだけではメンバーにはその内容がわかりません．考えたアイディアを説明したり書き出しながらアイディアを互いに共有することが重要です．特にロボットのデザインやメカニズムなど，言葉で説明するのが難しい場合は図を描くことをおすすめします．8-6) 自分ではあまりおもしろくないアイディアだと思っても，他のメンバーがおもしろいと思うかもしれませんし，そのアイディアについて話し合ったことがきっかけで新しいアイディアを思いつくかもしれません．まずは遠慮せずに思ったこと，考えたことを伝えてみましょう．8-7)

8.2.2 積極的に評価する

アイディアを考えるときと同様に，考えたアイディアや作成したロボットに対して評価・コメントするときにも自分の思ったことや考えたことを他のメンバーに伝えることが重要です．特に他のメンバーの考えたアイディアや作業結果については，良い部分を積極的にコメントしましょう．メンバーの自信につながりますし，グループの雰囲気も良くなるでしょう．一方，「おもしろくない」「ダメだ」といった批判的なコメントはなかなかいいにくいものですが，問題点を指摘し，改善していくことでロボットはより良いものになっていきます．コメントはなるべく具体的に，また，強く否定するのではなく，表現に気をつけましょう．8-8)

8.2.3 作業の役割を分担する

ロボット作りはとても複雑な作業です．特にロボットを組み立てたり，プログラミングするには多くの時間を必要とします．一人でロボットを作る場合，これらの作業をすべて1人で行わなければならないのですが，グループで作業をする場合には役割を分担することで効率よく作業を進めることが可能になります．ロボット作りの場合，ハードウェア担当（パーツの組み立て）とソフトウェア担当（プログラミング）に分かれて作業することが多いと思います．8-9) このとき，同じ作業ばかりしているとロボット作りの経験が偏ってしまい，個々の上達につながりません．役割を分担する際には，メンバーの作業内容が偏らないように，役割を定期的に交代しましょう．8-10)

8-6)

話し合いは紙に描きながら…

8-7) ロボット工学の領域ですぐれた業績をあげているカーネギー・メロン大学の金出教授は「アイディアを練る方法は，考えついたアイディアを人に語りかけ，そのやり取りでまともなアイディアかどうかをチェックし，関連した知識を得，不備な面を修正するのである」と述べています．
出典：
金出武雄著，『素人のように考え，玄人として実行する』，PHP文庫

8-8)

コメントは具体的に！

8-9) グループの人数が多い場合には，A案担当とB案担当に分かれて並行して作業を進めていく（最終的によい結果のほうを採用する）といった分担方法もあります．

8-10)

役割はこまめに交代しましょう

> **コラム 11：ロボット作りの上級者はここが違う**
>
> ロボット作りの上級者はどのような点がすぐれているのでしょうか？
> この点を調べるために，ロボットコンテストで入賞経験のある上級者を対象とした実験を行いました．実験課題は，LEGO Mindstorms(Mindstorms RIS) を使っておもしろい移動方法のロボットを作ることです（制限時間は 4 時間）．上級者の作成プロセスをビデオで撮影して詳しく調べた結果，以下の特徴が明らかになりました．
>
> **特徴 1：材料や時間を確認する**
> 上級者は計画をたてる前に，どのパーツがいくつあるのかを確認していました．また，考えた計画を実行するにはどれくらいの時間が必要かを計算していました（どんなにおもしろいアイディアでも，パーツの数や時間が足りなければ実現できないですものね）．
>
> **特徴 2：幅広い箇所を改良する**
> 上級者は問題が発生したときに，1 箇所だけを改良するのではなく，様々な部分を改良していました（たとえば，ロボットがうまくカーブできないときに，プログラムを改良するだけでなく，タイヤやモータの位置を変更したり，ロボットの左右のバランス調整を行う，など）．
>
> **特徴 3：動いたら完成！ではない**
> 上級者はロボットが計画通りに動くようになった後も，よりスムーズに，より確実に動くことを目指してさらに改良を行っていました（おもにロボットの軽量化や分解しやすい部分の補強，プログラムの効率化などを行っていました）．
>
> みなさんも上記の点を参考に上級者を目指しましょう．

8.3 ロボット作りのサイクル

みなさんはどのように普段ロボットを作っていますか？作り始める前にじっくりと考える人もいるでしょうし，とりあえずパーツを組み立てながら考えるという人もいるでしょう．一般的にものを作る活動は，PLAN（計画を立てる），DO（計画を実行する），SEE（実行結果を評価する）という 3 つの活動を繰り返します．この活動のサイクルをそれぞれの頭文字をとって **PDSサイクル**と呼びます（図 8.1）．[8-11] PDS サイクルはロボット作りに限らず，ものを作る活動すべてにあてはまります．それでは，各段階の活動内容をみていきましょう．

PLAN（計画を立てる）

ロボット作りはまず「どのようなロボットを作るのか」を考えるところから始まります．これが PDS サイクルの第 1 段階の「PLAN（計画を立てる）」

[8-11] PDS サイクルは組織の質を高めるためのマネジメント手法の一つとして，実際に多くの企業に導入されています．また，PDS サイクルを支援するためのグループウェアも多数開発されています．

図 8.1　PDS サイクルの流れ

です．ロボットを作る場合，ハードウェア（パーツの組み立て）とソフトウェア（プログラミング）の両方について，それぞれの目標と作業の手順を計画する必要があります．

DO（計画を実行する）

　どのようなロボットを作るのかが決まったら，計画した内容にそって，パーツを組み立てたり，プログラムを作成していきます．これが PDS サイクルの第 2 段階の「DO（計画を実行する）」です．この段階は実際に手を動かす作業が多いため，他の段階よりも多くの時間を必要とします．

SEE（実行結果を評価する）

　ある程度作業が進んだら，ロボットが計画通りに動くかどうかを評価します．これが PDS サイクルの第 3 段階の「SEE（実行結果を評価する）」です．評価した結果，計画通りに動かないことが多いのですが，その場合はどこに問題があるのかを分析し，その問題を解決するにはどうすればよいのかを検討します．

　このように，3 つの活動のサイクルをこまめに繰り返すことで，頭の中のアイディアはだんだんと具体的になり，ロボットは完成に近づきます．これまでのロボット作りでは DO しか意識していなかった人も多いと思いますが，

これからロボットを作るときには，ぜひ PLAN・DO・SEE の3つの活動を意識しましょう．

次の9章と10章では，PLAN および SEE を効果的に実施するための方法を紹介します．9章の「コース攻略法を考えよう（モデリング入門）」では，PLAN を効果的に実施するための方法として，初心者用モデリングテンプレート (UML-B) を使ったモデリングの方法を紹介します．10章の「リフレクションをしよう」では，SEE を効果的に実施するための方法として，作業中および作業後のリフレクションのやりかたを紹介します．ぜひ今後の学習の参考にしてください．

■■　演習問題　■■

8-1. 本章で紹介したコツを使って，WRO などの競技会に参加するためのおもしろいロボットを考えてみましょう．

9 コース攻略法を考えよう（モデリング入門）

　本章では，チャレンジする競技コースに対して，どのように攻略していくかについて考え，その設計図を作る（モデリング）方法を学びます．実際の競技コースを例として，初心者用のモデリング手法を使い，わかりやすく説明します．

> この章のポイント
> → モデリングの意義
> → モデリングの基本
> → コース攻略法をモデリング
> → モデリングの評価

9.1　モデリングとは

「出場する大会のコースが発表された！（図 9.1）」

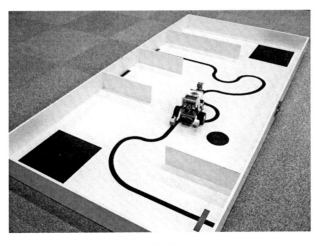

図 9.1　競技コース

さあ，みなさんは何から始めますか？

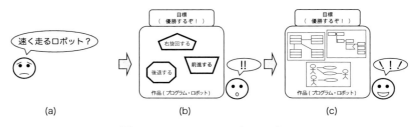

図 9.2　モデリングのイメージ

　目標（速く走るロボットとプログラムを作って優勝するぞ！）はすぐ決まりますね．でも，作品（速く走るロボットとプログラム）はすぐには作れませんね（図 9.2(a)）．

　それは，実現したい抽象的な目標（優勝するぞ！）を具体的な作品（ロボットとプログラム）で実現するためには，「必要なこと」がたくさん含まれているからなのです．この「必要なこと」を本書では「必要な機能」としましょう．たとえば，「前進する」「右旋回する」「後退する」等々，必要な機能を一つ一つ完成させて，やっと（優勝するぞ！）が（速く走るロボットとプログラム）によって実現されるのです（図 9.2(b)）．よって，必要な機能を明確にして設計図を作る作業が必要なのです．でも，必要な機能を見つけて，正しく設計図を完成させる作業は初心者にはなかなか難しいのです．だから，多くの初心者は必要な機能を正しく確認せず，設計図も書かないままで，いきなり作り始めて失敗を繰り返します．

　そこで，必要な機能を明確にするために役立つのがモデリングです．モデリングとは，実現したい目標を具体化，可視化，詳細化して，明確にわかりやすくすることです．要するに，「優勝するぞ！」のために必要な機能が，モデリングによって具体化，可視化，詳細化されて設計図（モデル）となるわけです（図 9.2(c)）．明確な設計図（モデル）があればプログラムやロボットが作りやすくなるのはわかりますよね？

　そして，8 章で学習した PDS サイクルを思い出してください．[9-1] モデリングは，プログラムの設計図（モデル）を作ることですから，PLAN（計画を立てる）にあたります．

9-1)

PDS サイクルについては 152 ページを参考にしてください．

9.2 初心者のためのモデリング入門 (UML-B)

本書では，初心者用のモデリングテンプレート (UML-B) [9-2] を用いた方法でモデリング方法を説明します．UML-B では，機能モデル，詳細モデル，関連モデルの3種類のモデルを作成します．

I. 機能モデル（図 9.3）

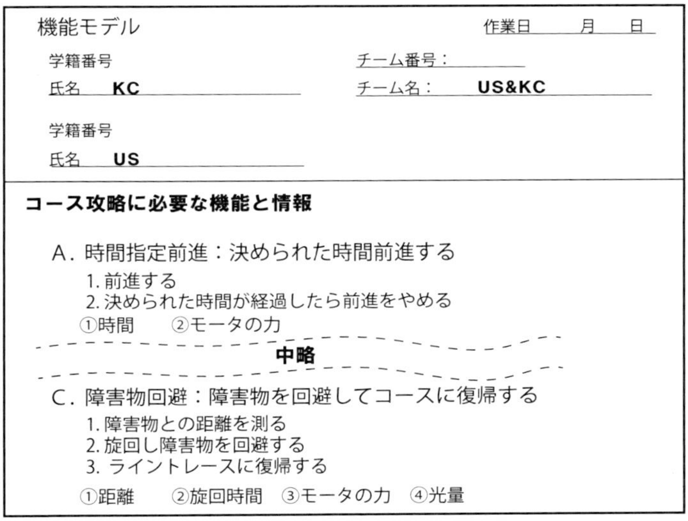

```
機能モデル                          作業日    月    日
 学籍番号              チーム番号：
 氏名   KC             チーム名：   US&KC
 学籍番号
 氏名   US

コース攻略に必要な機能と情報
  A．時間指定前進：決められた時間前進する
    1. 前進する
    2. 決められた時間が経過したら前進をやめる
     ①時間    ②モータの力
- - - - - - - - - - 中略 - - - - - - - - - -
  C．障害物回避：障害物を回避してコースに復帰する
    1. 障害物との距離を測る
    2. 旋回し障害物を回避する
    3. ライントレースに復帰する
     ①距離   ②旋回時間   ③モータの力   ④光量
```

図 9.3 機能モデルの例

機能モデルは，プログラムに必要な機能を抽出して，その内容を整理します．
(1) 取り組む課題に関して，必要な機能を考えます．
　　　ライントレース，障害物回避　etc.
(2) 機能の内容・必要な情報を整理します．
　　・機能の内容は，実現したい動作です．動詞で表現します．
　　　旋回する，前進する　etc.
　　・必要な情報や量を整理します．名詞で表現します．
　　　時間，光量　etc.

[9-2] UML-B については，以下に報告があります．
藤井隆司，藤吉弘亘，鈴木裕利，石井成郎，「工学部における問題解決型授業の実践と効果の検証」，日本ロボット学会誌，Vol.31(2013)，No.2，pp.161-168

II. 詳細モデル（図 9.4）

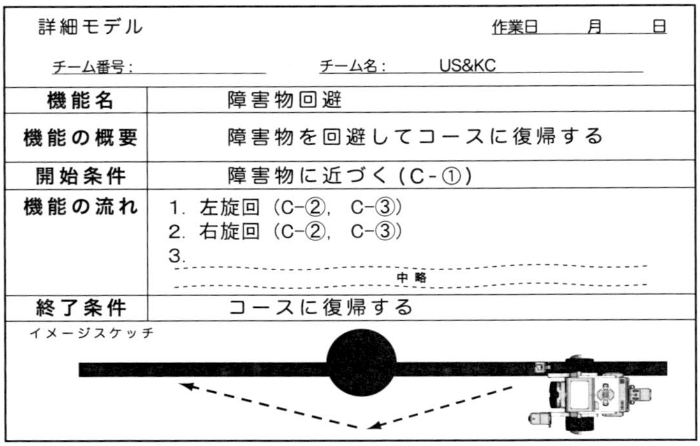

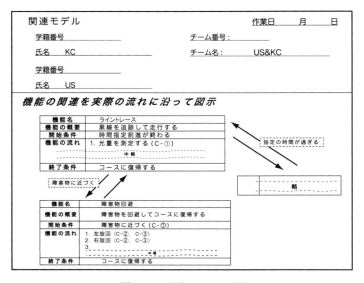

図 9.4　詳細モデルの例

　詳細モデルは，機能の実現方法を詳細に記述します．実現に必要な条件，機能の流れ，使用する情報を明確にします．機能モデルで抽出した各機能について作成します．

III. 関連モデル（図 9.5）

図 9.5　関連モデルの例

　関連モデルは，各機能の関連を処理（動作）の流れにそって記述します．そして，詳細モデルに書かれた条件を参考にして，機能間の関連を図で表します．

> **コラム 12：UML と UML-B**
>
> UML(Unified Modeling Language) は，1997 年に OMG(Object Management Group) が標準化したオブジェクト指向分析/設計のためのモデリング言語です．それまで，多数存在していた手法を統一するために，Unified Modeling Language すなわち，UML が規定されました．UML2.0 では，以下の 13 種類の図が定められています．
>
> ① クラス図，② オブジェクト図，③ 複合構造図，④ ユースケース図，⑤ コミュニケーション図，⑥ シーケンス図，⑦ インタラクションオーバビュー図，⑧ タイミング図，⑨ 状態機械図，⑩ アクティビティ図，⑪ コンポーネント図，⑫ 配置図，⑬ パッケージ図
>
>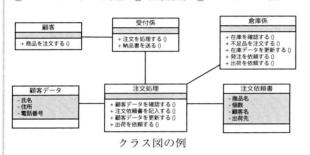
> クラス図の例
>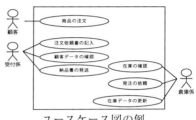
> ユースケース図の例
>
> このように，UML は 13 種類も図があって覚えるだけでも大変ですね．そこで，このテキストでは，UML-B(UML for Beginners) でモデリングを進めます．UML-B は，本テキストの著者らのグループが提案する初心者用モデリング手法です．§9.2 にあるように，3 つのモデルを覚えるだけです．さらに，この 3 つのモデルは UML の要素を含んでいますので，UML-B の経験は，今後，UML を正式に学習する場合に，必ず役立ちます．

9.3 コース攻略をモデリング

では，早速，コースを攻略するためのモデリングを始めましょう．ここでは，プログラムのモデリングを対象として説明します．そして，二人の学生，U.Satoshi（US 君）と K.Chikashi（KC 君）の具体的なモデリング作業[9-3] を参考にしながら説明を進めます．

[9-3] モデリング作業においても，グループ作業と同様，「アイディアを共有する」，「積極的に評価する」，「作業の役割を分担する」が重要とされています．

9.3.1 コースの概要とルール

ここでは，取り組む課題を明確にしましょう．

US 君：「大会のコースが発表されたよ！」

KC 君：「早速，コースとルールを確認してみよう！」

ということで，以下のコースとルールがわかりましたので，二人で課題に関する情報を共有します．

≪ コース ≫

図 9.6 に示されるように，1800mm × 900mm の長方形のコースです．コース面の色は白色です．ラインは黒色で描かれています．コースの外周には，高さ 90mm の白色の壁が立てられています．コース内には，4 つのゾーンがあります．ゾーン A には緑色，ゾーン B には赤色，ゾーン C には青色のカッティングシートが壁に沿って貼ってあります．各ゾーンは外周の壁と同じ高さの仕切りで区切られています．ゾーン A とゾーン B の仕切りは 530mm の長さで，他の仕切りは 300mm の長さです．

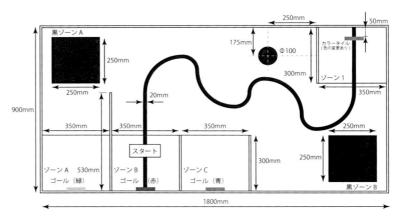

図 9.6 競技コース

≪ 競技ルール ≫

ロボットは，スタートエリアであるゾーン B からスタートします．スタート後はコースに描かれた黒色のラインに沿ってゾーン 1 まで進みます．ゾーン 1 には，戻るべきゴールゾーンの位置を指示したカラータイルがあります．ロボットは，カラータイルの色を判定して目標のゴールを決めます．ロボットが指定された色のゴールゾーンに到達して競技が終了となります．

競技の得点は，スタートからゾーン 1 までのライントレースによる移動と，指定されたゴールゾーンへの到達がポイントとなります．さらに，スタートからゴールゾーンまでの所要時間もポイントの対象になります．競技指定時間は 120 秒以内です．120 秒以内にゴールゾーンに到達できなかった場合はリタイア，また，指定されたゴールゾーン以外の場所に到達した場合もリタイアとなります．タイムポイントは，ゴールゾーン到達までの所要時間がより短いロボットが，より高い得点にカウントされるように設定されます．

以下に得点の計算式を示します．

$$得点 = ライントレースポイント + ゴールゾーン到達ポイント + タイムポイント$$

9.3.2　必要な機能の確認

　課題の確認をしながら必要な機能を見つけて行きましょう．お互いに，気づいたことを相手に必ず伝えて，情報を共有しましょう．

US君：「ライントレースができればいいね」

KC君：「あとは，カラータイルの発見と色の判定だね」

US君：「あっ，カラータイルの認識ってどうするの，ライントレースだけではカラータイルは見つからないんじゃないの？」

KC君：「うーーん，まず，カラーセンサーで赤か，緑か，青か判定してみる．その3色じゃなかったら，黒か白か判定してライントレースする！」

US君：「いいねいいね．で，カラータイルの色がわかったらどう動く？壁があるからまずはバックだね」

KC君：「そうそう，で，左に旋回して後は直進」

US君：「ゴールゾーンによって進む時間を変えないといけないね．時間を指定して直進だ！それから左旋回！」

KC君：「うーーん」

US君：「なんか問題ある？」

KC君：「だって，緑のゴールは壁が長いからぶつかっちゃうよ」

US君：「そうか，でも，まずは赤と青のゴールまでやってみようよ．そのあと，緑のゴールの対策を考えよう（＾＾）」

というやり取りがありました．なんとなく，必要な機能が出てますね．いよいよ，ここからモデリングを始めましょう．緑のゴールゾーン対策については，現段階では保留としておきましょう．

9.3.3　機能モデルの例

　はじめに，機能に関してのモデリングをしましょう．わかりにくい点は図を書いて情報を共有しましょう．

(1) 二人が考えた機能をコースに合わせてみましょう．

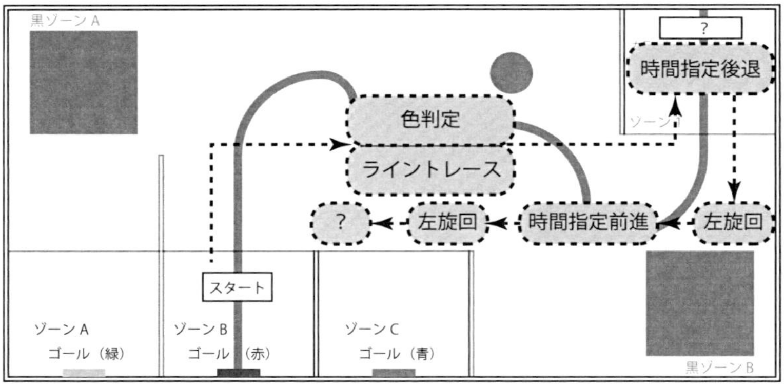

図 9.7　競技コースと走行に必要な機能

(2) 機能の内容（やりたいこと）と必要な情報を整理してみましょう．

US 君：「まずは色を判定してライントレースだね．ライントレースは何をやればいいんだろう？」

KC 君：「黒線を見つけて追跡して走る」

US 君：「黒線はカラーセンサーを使って色を判定すればいいね」

KC 君：「色が黒の値なら右旋回，白の値なら左旋回．絵に書くとこんな感じ（図 9.8）」

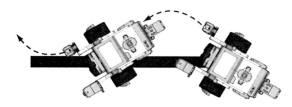

図 9.8　ライントレースのイメージ

US君：「で，右旋回，左旋回はどうすればよかったっけ？」
KC君：「左右のタイヤを動かすモータの力を変化させればいいはず」

US君：「でも，ライントレースは黒か白か？だけど，ゾーン1に到着したら，カラータイルがあって赤か緑か青か？だよ」
KC君：「そうか，赤，緑，青が見つかったら到着ってことだからライントレースはやめる」

以上から　色判定とライントレースが必要な機能だとわかりました．色判定は，内容が「カラーセンサを使ってコースの色値を取得する」，情報は「色値」となります．ライントレースは，内容が「カラーセンサの値が黒なら右旋回，白なら左旋回」，情報は「色値」と「モータの力」となります．

KC君：「赤か緑か青かわかったら目指せゴールだね．でも，まだロボットはゾーン1で止まってるよ」
US君：「ライントレースで戻る」
KC君：「だめだめ，時間が無駄になるよ」
US君：「でも，壁があるし」
KC君：「そうだ，ちょっと後ろに下がればいい．それから左に旋回してゴールゾーンを目指して前進，前進」
US君：「指定されたゴールによって，進む時間を変えればいいね．で，左に旋回」
KC君：「うーーん...　まずい（――）．緑ゾーンだったら壁にぶつかる...」
US君：「まあ，赤ゾーンと緑ゾーンが成功してから考えよ（＾＾）」

以上から　時間指定後退，左旋回，時間指定前進が必要な機能だとわかりました．

さあ，こんな感じで機能の内容と必要な情報を整理したら，機能モデルを書いてみましょう．整理されたことを，決められた用紙に書くだけです．図9.9に機能モデルの例を示します．記入した項目に記号や番号が付けられています．これは，次に作成する詳細モデルに必要となります．

```
機能モデル                    作成　年　月　日
                     番号_____  氏名_____

システムに必要な機能と情報

    A．色判定
    ・カラーセンサを使ってタイルの色値を取得する
    ①　色値

    B．ライントレース
    ・カラーセンサーの値が　黒なら右旋回
    ・　　　〃　　　　　　白なら左旋回
    ①　色値　　②モータの力

    C．時間指定後退
    ・決められた時間後退
    ①　時間　　②モータの力

    D．左旋回
    ・モータを左回転
    ①　時間　　②モータの力

    E．時間指定前進
    ・決められた時間前進
    ①　時間　　②モータの力
```

図 9.9　機能モデルの例

9.3.4 詳細モデルの例

　機能モデルが書けたら，各機能の詳細についてモデリングしてみましょう．これは，各機能の内容（やりたいこと）を詳細に記述します．また，その機能の動作のために必要となる情報を明確にします．また，その機能の動作が始まるための条件（開始条件）と，その機能の動作が完了するための条件（終了条件）も明確にします．

US君：「色判定から考えよう．ゾーン1に入るまではライントレースの黒かどうかの判定でいいよね？」

KC君：「だけど，ゾーン1にいつ入るかわかんないから，カラータイルに到着したかどうかの判定もしないとまずいと思う」

US君：「そうか… で，どっちが先？」

KC君：「到着したらライントレースは止めないといけないから，タイルの判定が先だね」

US君：「ということは，コースの色が，赤か緑か青になったらゾーン1に来たと考える．で，次の機能に行く．赤か緑か青じゃなければ，ゾーン1じゃないからライントレースをする？」

KC君：「そうそう」

US君：「じゃ，ライントレースは黒だったら，ちょっと右に旋回させる．黒じゃなかったら左に旋回する，でいいかな？」

KC君：「そうそう」

US君：「ゾーン1でカラータイルの色がわかったら後退してゾーン1を抜けるんだよね．でも，どれぐらいの時間後退すればいいの？」

KC君：「これは，実際に走らせてみてみないとわからないと思う．何回かトライして時間を計ってみてから決めよう！」

US君：「あとは，時間指定前進と左旋回の詳細モデルを考えないといけないね．でも，たくさんの機能があると，どれの次にどれが動くとかごちゃごちゃになりそう」

KC君：「確かに．一応，各機能の開始条件と終了条件を書いたけど，バラバラだからわかりにくい．そこは，関連モデルではっきりさせよう」

以上から，機能の詳細な内容が，いろいろとわかってきましたので，詳細モデルを書いてみましょう．わかった内容を，決められた用紙に書きます．使用する情報は，機能モデルで付けられた記号と番号を使って書いておきます．図があるとわかりやすい場合が多いので，必要な場合は書いておきましょう．

図 9.10(a) に色判定の詳細モデルの例，図 9.10(b) にライントレースの詳細モデルの例，図 9.10(c) に時間指定後退の詳細モデル例を示します．

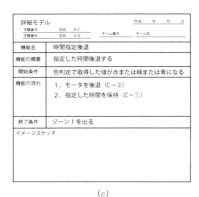

図 9.10　詳細モデルの例

9.3.5　関連モデルの例

各機能の関連を処理（動作）の流れにそって書いてみましょう．これは，機能と機能の関連を明確に記述します．

US君：「コース上で各機能が動作するのをイメージしてみよう．スタートしたら，まずは色判定．で，色値が赤緑青以外はライントレースだよね．しばらくライントレースが続く．ゾーン1に入ってタイルの色を読み取ると赤か緑か青になるから，後退する．あとで，実際に色々試してみてちょうどいい時間を決める．時間指定後退だ」

KC君：「そのあと，左旋回．次は，タイルの色値によって進む距離が違うから，これも実際に走らせてみて指定する時間を決める．時間指定前進．目指すカラーのゾーンに近づいたら左旋回．あとは，ゴールゾーンの壁の前まで時間指定前進」

以上から，処理の流れと機能の関連がわかりましたので，関連モデルを書いてみましょう．図 9.11 の例では，機能の関連を処理の流れに沿って記入しています．図 9.12 の例では，機能を中心に考えて同じ機能は一つで記入します．そして，矢印によって関連と流れを明確にします．課題に対応して，どちらか，あるいは両方を作成します．

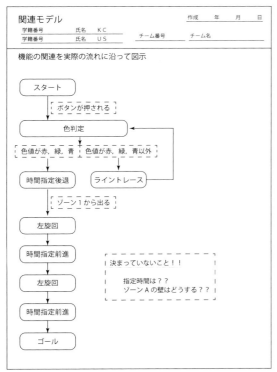

図 9.11　関連モデルの例 1（処理の流れ）

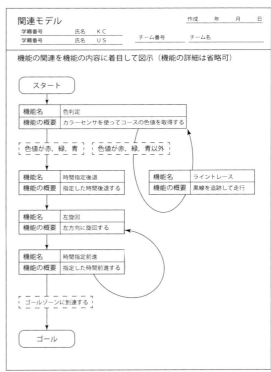

図 9.12　関連モデルの例 2（機能中心）

9.4　作成したモデルを評価しよう

ここまで，初心者のためのわかりやすいモデル作成法について説明してきました．とりあえず作成ができるようになったら，次は，よいモデルを作成するにはどうしたらよいかについて考えてみましょう．

US 君：「やれやれ，なんとかモデルを書いたけど，これでいいのかなあ？正解とかってないのかなあ？」

KC 君：「だめだよ，みんなと同じ答えだったら，優勝できないよ」

US 君：「そうかあ... でも，基本的にこれはできていないといけない，みたいな基準が欲しいよ」

以上から，作成したモデルを評価する基準があれば，よりモデリングがわかりやすくなるといえます．そこで，初心者でもわかりやすいように，以下に簡単な評価基準を示します（図 9.13）．これを参考にして，作成したモデルを採点してみてください．採点結果から，よいモデルかどうかを客観的に判断することができます．結果から問題点を確認して見直しを行って，よりよいモデルに改善しましょう．

<4つの評価項目に関して，5段階評価で点数を付けます．>

評価項目	名前	データ	詳細化	つながり
点数	?	?	?	?

<評価項目の内容>

名前	機能の名前はわかりやすい名前になっている ※機能名からその機能の動作が推測できますか？
データ	データの整理が十分できている ※機能で使用するデータが十分に記述できていますか？
詳細化	機能の詳細化が十分にできている ※詳細モデルの機能の流れから，簡単に PAD・プログラムができますか？
つながり	プログラムの開始から終了までの機能のつながりができている ※関連モデルの機能のつながりはわかりやすいですか？ ※関連モデルの各機能の間に穴や抜けはないですか？

<配点>
5:そうである 4:だいたいそうである 3:どちらともいえない 2:あまりそうではない 1:そうではない

図 9.13　作成モデルの評価方法

KC 君：「この基準で評価するということは，この基準がクリアできるように，モデリングを行えばいいわけだ」

US 君：「二人が作成したモデルも，この基準でお互いが評価するといいかもしれないね」

■■ 演習問題 ■■

9-1.　「指定時間前進」，「左旋回」をモデリングしてすべてのモデルを完成させましょう．

9.5 ディティール PAD とコーディング

　以上の作業で，機能モデル，詳細モデル，関連モデルが完成しました．次は，詳細モデルに基づいてディティール PAD を作成します．PAD の記号 1 個に対してプログラム言語の 1 命令が対応する詳細な PAD をディティール PAD といいます．本書の 4 章，5 章で用いられている PAD は，このディティール PAD になっています．図 9.14 の PAD は図 9.10(b) の詳細モデルから作成したものです．詳細モデルに対応した PAD が完成したら，次にコーディング作業に移ります．ディティール PAD の各記号に対応する命令文を記述する作業をコーディングといいます．コーディング作業が完了したら，いよいよ，コンパイルして実行してみましょう．

図 9.14　PAD の例

9.6 モデリングのまとめ

　本章では，モデリングについて説明しました．プログラミングの初心者にとって，モデリングは難しいかもしれませんが，慣れることが大切です．いきなりプログラミングをするのではなく，モデリングをして設計図を作成するという習慣をつけておけば，よりよい，より品質の高いプログラムが作成できるようになります．ぜひ，設計してから作り始めるという習慣を意識して進めましょう．

　そして，モデリングに少し慣れたら，UML を覚えましょう．UML (Unified Modeling Language) は，モデリング言語として最も普及しています（コラム 12 参照）．本章で説明してきたモデリング方法は，この UML を初心者用にわかりやすく変更した方法です．UML-B (UML for Beginners) と呼んでいます．UML-B でモデリングを経験したら，ぜひ，UML にチャレンジしてみましょう．

10　リフレクションをしよう

　この章では，ロボット作りの評価を効果的に実施するための方法としてリフレクション（自分の活動を振り返って評価する活動）のやりかたを学びます．また，リフレクションの際に気をつけるポイントについても学んでいきます．

> この章のポイント
> → 作成中のリフレクション（作業記録の作成）
> → 作業後のリフレクション（プロセスチャートの作成）
> → リフレクションのポイント

10.1　リフレクションとは

　ロボット作りを上達させるためには，たくさんの経験を積むことが必要です．何回も繰り返してロボットを作ることで，パーツの使い方やギアの組み合わせ方，プログラミングのやりかたがわかってきます．また，以前よりも短い時間でロボットを完成させることができるようになります．ただし，ただなんとなくロボットを作っていてもあまり多くのことは学べません．効果的にロボット作りを学ぶためには，自分がどのようにロボットを作っているのかということを定期的に振り返ってみることが重要です．このような「自分の活動を振り返って評価する」活動のことを**リフレクション**といいます．リフレクションを行うことで，自分のロボット作りのよい点・悪い点が明確になり，今後ロボットを作成するときに役に立つ知識を得ることができます．

　リフレクションには，ロボット作りの途中で定期的に行う**作成中のリフレクション**とロボットが完成した後に行う**作成後のリフレクション**の2種類があります．以下では，それぞれのやりかたを具体的に説明します．

10.2　作成中のリフレクション（作業記録の作成）

　ロボット作成には多くの時間がかかります．このとき何も記録しないでいると，自分がどのようなことを考えていたのか，また，どこまで作ったのかがわからなくなってしまうことがあります．そこで，定期的に自分のロボット作りのPDSサイクルを記録しましょう．これが作成中のリフレクションです．記録する項目は以下の通りです．

- 日時
- PLAN（計画）
- DO（実行）
- SEE（評価）
- 気づいたこと，わかったこと

10-1) 記録するのは普通の大学ノートでOKです．1ページにあまり詰め込んでしまうと読みにくくなってしまいます．記入するときは見開きの2ページを使いましょう．

　図10.1は記録の例です．[10-1] PLANには，どのようなロボットを作ろうと考えたのかを記入します．DOには，実際にパーツやギアをどのように組み合わせたのか，どのようなアルゴリズムでプログラミングしたのかを記入します．このとき，ロボットのスケッチを描いたり，ロボットを携帯やデジカメで撮影したものを貼りつけておくと，あとから見直したときにわかりやすいです．SEEには，ロボットがどのように動作したか，成功したのか失敗したのか，失敗した原因は何だったのかといったことを記入します．また，記録する際に気がついたこと，わかったことがあったら，あわせて記入しておきます．

　記録のタイミングですが，作業を中断するときや休憩するとき，その日の作業が終わったときに記録するとよいでしょう．記録する内容は少しでも構わないので，こまめに記録するようにしてください．また，最初は記録に時間がかかるかもしれませんが，慣れるにつれて短時間で記録することができるようになります．

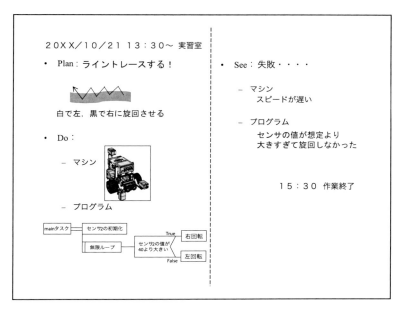

図 10.1 作業記録の例

> **コラム 13：インターネットを利用した作業記録**
>
> 　最近，ものづくりのプロセスを記録する手段として，ブログなどの SNS（ソーシャルネットワーキングサービス）を利用する人が増えています．
> 　従来のノートを使った作業記録と比べ，これらのサービスには，(1) 日付や時間が自動的に記録される，(2) 過去の記録を検索できる，(3) 他の利用者からのコメントがもらえる，などの特長があります．自分の記録を公開したくない人もいると思いますが，多くのサービスでは，内容を非公開にしたり，知人のみに公開することが可能です．興味のある方はぜひチャレンジしてみてください．

10.3　作業記録のポイント

　作業中のリフレクションのときに注意してほしい点をまとめました．作業記録を作成する際には，これらのポイントを意識しながらまとめるようにしてください．

・ポイント 1：目標はできるだけ具体的に

　PLAN の欄には，ロボットを作り始める前に考えた目標をできるだけ具体的に記入しましょう．また，目標は文章だけでなく図も入れましょう．

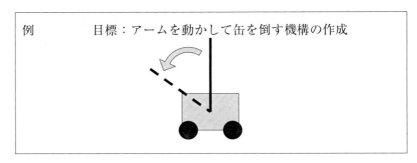

- **ポイント 2**：目標とサブ目標を区別しよう

　サブ目標とは，メインの目標を達成するためにクリアすべき目標のことです．メインの目標とサブ目標を区別して記録しましょう．サブ目標を記入することで，作業の具体的なイメージがつかみやすくなり，作業時間の見積もりもしやすくなります．

> 例　　　目標：缶を倒す
> 　　　　サブ目標：①黒い部分を検知して方向転換する
> 　　　　　　　　　②壁を検知して方向転換する
> 　　　　　　　　　③アームを動かす

- **ポイント 3**：思いついたことはすぐに記録する

　ロボットを組み立てているときに新しいアイディアを思いついたり，ロボットの問題点を発見することがあると思います．そのようなときは作業の途中でも随時記録を取るようにしましょう（あとから書こうと思っていると忘れてしまうことが多いです）．記録の際は，あとから読んだときに書いた内容を思い出せるように書き方を工夫しましょう．

10.4　作成後のリフレクション（プロセスチャートの作成）

　ロボットを作っているときには，「どうやったらうまくセンサが反応するか」「モータの強さはどれくらいがちょうどよいか」など，どうしても目の前の問題に集中してしまい，自分の活動全体を大局的に振り返ることはなかなかできません．そこで，ロボットが完成した後に，作業のまとめとして自分の活動全体を振り返って評価する作業後のリフレクションを行います．

　まず，自分の活動内容全体を記入することができるような大きめの紙（できれば模造紙くらいの大きさ）を用意します．以下，この用紙を**プロセスチャート**と呼びます．次に，プロセスチャートを縦に 3 分割し，上から PLAN・DO・

SEE のラベルを記入します．そして，ノートに記録した内容をもとに，今回のロボット作成のプロセスを順に記入していきます（図 10.2）．図 10.3 はプロセスチャートの作成例です．[10-2] PLAN には，作成する前に考えた作成目標やロボットの予想図などを記入します．DO には，作業内容を記入したり，作業中に撮影したロボットの写真などを貼付します．SEE には，作成したロボットの実行結果や失敗の原因などを記入します．

[10-2] この作成例は，中部大学で実施された授業で学習者が作成したプロセスチャートをもとに作成しました．

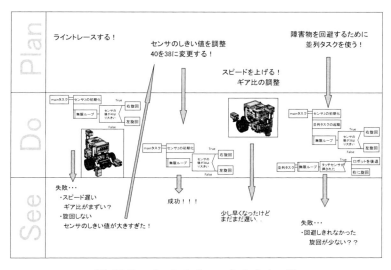

図 10.2 プロセスチャートのイメージ

　図 10.2 では，初めにライントレースするロボットを作ろうと計画しています．最初に作ったロボットはうまく動きませんでしたが，センサの設定を改良することでライントレース機能を実現しています．その後ロボットの改良として移動スピードの向上を計画し，実現することに成功しています．そして，障害物を回避する機能を実現しようとチャレンジしています．

　この図のように，チャート作成のときには矢印をうまく使って PDS サイクルの流れがわかるようにまとめて下さい．後から見直したときに分かり易いですし，他の人がチャートを見たときに大変参考になります．また，マジックやサインペンなどを使って項目別に色分けするとより分かり易くなります．

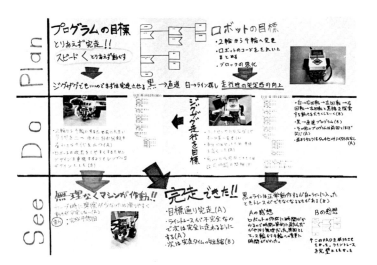

図 10.3　プロセスチャートの作成例

10.5　おわりに（学習内容のリフレクション）

本書を通じて，みなさんはロボット作りに関して多くのことを学んだと思います．最後に学習のまとめとして，以下の点についてリフレクションをしてみましょう．

- 実際にどんなロボットを作ってみましたか？結果はどうでしたか？
- 作ったロボットやプログラムをどのように改良しましたか？どこが難しかったですか？
- ロボットを作るときに，どのようなことに気をつけましたか？また，どのような問題がありましたか？
- ロボット作りにおいて大事なことは何だと思いますか？

これまで取り組んできた活動を振り返ってみると，ロボット作りの技術が上達していることを実感できると思います．今回学んだことを活用することで，いろんな機能を持ったロボットを作ることが可能です．また，ロボット競技会でどんな課題が出ても，また，誰とチームを組んでもきっとうまく行動できるでしょう．さらに，8 章でも説明しましたが，本書で紹介した PDS サイクルはロボット作りだけでなく，すべての「ものづくり」の基礎となります．今後もこれらの知識・経験をもとに，ロボット競技会での入賞や，ものづくりの上級者を目指してステップアップしていきましょう！

付録

EV3 版 NXC 関数

ここでは，本書で使用している NXC 関数について説明します．

・初期化宣言

関数	説明
SoundInit()	サウンドの初期化
OutputInit()	モータなど出力の初期化
ButtonLedInit()	EV3 本体のボタンと LED の初期化
initSensor()	センサの初期化
LcdInit()	液晶ディスプレイの初期化

・モータ関数

関数	説明	記述例
OnFwdEx(出力，パワー，ブレーキ)	モータを順回転	OnFwd(OUT_AC, 50, 0)
OnRevEx(出力，パワー，ブレーキ)	モータを逆回転	OnRev(OUT_AC, 50, 0)
RotateMotor(出力，パワー，角度)	目的の角度だけ回転	RotateMotor(OUT_B, 50, 360)
Off(出力)	出力をオフにする	Off(OUT_AC);
Wait(時間)	1/1000 秒単位で指定された時間待機	Wait(1000)

・センサ関数

関数	説明	記述例
startSensor()	センサポートのオープン	startSensor()
setSensorPort(入力, センサ種類, モード)	センサの設定	setSensorPort(CH_1, SENSOR, 0)
setSensorPort(入力, TOUCH, モード)	タッチセンサの設定	setSensorPort(CH_1, TOUCH, 0)
setSensorPort(入力, USONIC, モード)	超音波センサの設定	setSensorPort(CH_4, USONIC, 0)
setSensorPort(入力, GYRO, モード)	ジャイロセンサの設定	setSensorPort(CH_2, GYRO, 0)
setSensorPort(入力, COLOR, モード)	カラーセンサの設定	setSensorPort(CH_3, COLOR, 0)
getSensor(入力)	センサ値の読み取り	getSensor(IN_3)
closeSensor()	センサポートを閉じる	closeSensor()

- 音，描画，LED 関数

関数	説明	記述例
PlayFile("ファイル名.rsf")	指定したファイルを再生	PlayFile("EV3 パス/Bravo.rsf")
PlayToneEx(周波数, 時間, 音量)	指定された周波数の音を指定された時間	PlayToneEx(523.25, 1000, 100)
CircleOut(x, y, 半径)	円の表示	CircleOut(50, 20, 40)
LcdBmpFile(色, x, y, "ファイル名.rgf")	画像ファイルの表示	GraphicOut(1, 0, 0, "EV3 パス/Angry.rgf")
LcdText(色, x, y, 文字列)	文字の表示	LcdText(1, 120, 50, "mm")
LineOut(x0, y0, x1, y1)	直線の表示	LineOut(50, 20, 40, 60);
RectOut(x0, y0, x1, y1)	四角形の表示	RectOut(40, 40, 30, 40);
LcdClearDisplay()	画面のクリア	LcdClearDisplay()
LcdClearDisplay()	画面のクリア	LcdClearDisplay()
ButtonPressed(ボタン)	ボタンが押されているか	ButtonPressed(BTN1)
SetLedPattern(LED の状態)	LED 発光	SetLedPattern(LED_GREEN)

- 予約語

予約語は NXC コンパイラ専用の語であり，プログラム内の変数名や関数名に使用してはいけない．
NXC には，次のような予約語がある．

__sensor, abs, asm, break, const, continue, do, else, false, if, inline, int, repeat, return, sign, start, stop, sub, task, true, void, while

索引

記号／英字

#define 20, 65

B
Bluetooth 30

C
CircleOut 99
CircleOut() 100
CU-Robocon 125

D
do-while 18, 83, 134

E
EV3 25
EV3-SW 29

F
for() 18, 57

G
GitHub 22

I
if() 16, 76

L
LAN 31
LcdBmpFile() 99
LcdClearDisplay() 99
LcdText() 97
LEGO Mindstorms 23
LineOut() 100

M
MUTEX 114

N
NXC 29

O
Off() 53
OnFwdEx() 53
OnRevEx() 53

P
PAD 10, 11
PlayFile() 37
PlayToneEx() 46
Port View 93

R
RectOut() 100
RotateMotor 135

S
SetLedPattern() 88
setSensorPort(ch,COLOR,0) 91
setSensorPort(ch,COLOR,2) 88
setSensorPort(ch,GYRO,mode) 83
setSensorPort(ch,TOUCH,mode) 76
setSensorPort(ch,USONIC,mode) 80
switch() 16

U
UML 159
UML-B 157
USB 30

W
Wait() 37, 53
while() 18, 37
WRO 7, 125

あ

IP アドレス 42
アルゴリズム 10
色の認識 86
インクリメント 16

インテリジェントブロックステータスライトブロック 87
インビジブルロボット 2
M モータ 25
L モータ 25
エンドエフェクタ 128
音ブロック 36
おもしろいロボット 149

か

カラーセンサ 26, 84, 85
関係演算子 16
関数 20, 63
関連モデル 157
機能モデル 157
教育用ロボット 7
教示 100
極限作業用ロボット 4
桁落ち 15
行動プランニング 2
コーディング 169
コース攻略法 155
コミュニケーションロボット 6
コメント文 38
コントローラボタン 39
コンパイル 38, 40
コンパイルエラー 40
コンフリクト 110

さ

サウンドファイル 35
サウンドブロック 36
作業記録 173
産業用ロボット 3
算術演算子 16
C 言語 14
ジャイロセンサ 26, 81
ジャイロボーイ 122
出力ポート 50
条件分岐 16
詳細モデル 157
シングルタスク 107
スイッチブロック 74
数学ブロック 62, 75
スタートブロック 35
生活支援ロボット 6
制御 2
絶対パス・相対パス 41
セマフォ 110, 112

セル生産 4
センサブロック 32
センシング 2
選択構造 16

た

タッチセンサ 25, 71
タッチセンサによる障害物回避 71
タンクブロック 52
単精度実数型 15
超音波センサ 26, 77
超音波センサによる障害物回避 77
定数ブロック 75
ディスプレイ 95
ディティール PAD 169
データのやりとり 59
データブロック 32
データワイヤ 59, 134
デクリメント 16
デバッグ 39, 95
telnet コマンド 42
動作ブロック 32
倒立振子ロボット 121
トライ&エラー 54

な

入力ポート 50
ネスト 11

は

ハードウェアページ 39
倍精度実数型 15
配列 19, 100
パラメータ 65
反復構造 18
PID 制御 118
PDS サイクル 152
比較演算子 76
引数 20, 63
ピクセル 95
ヒューマノイドロボット 5
評価基準 168
表示ブロック 62, 96
フィードバック制御 117
フローチャート 10, 13
フローブロック 32
プログラミング 10
プログラム 10
プロジェクトファイル 40

プロセスチャート	174
ペアリング	38
並列タスク	107
ヘッダファイル	37
ペット型ロボット	5
変数	14
変数の型宣言	15
変数ブロック	68

ま

マイブロック	32, 60
無限ループ	58
モータ	51
モデリング	155
モデリングテンプレート	157
モデル	156
戻り値	20, 64

ら

ライントレース	89, 161
ランダムブロック	62
リフレクション	171
ループ	18
ループブロック	36
ロボカップ	7
ロボット	1
ロボットビジョン	6
論理演算子	16

わ

ワイヤ	35
ワイヤーコネクタ	26

著者略歴

藤吉弘亘（ふじよし　ひろのぶ）
1997 年　中部大学大学院博士後期課程満期退学，博士（工学）
1997 年　米カーネギーメロン大学ロボット工学研究所 Postdoctoral Fellow
2000 年　中部大学工学部講師
2004 年　中部大学工学部准教授
2006 年　米カーネギーメロン大学ロボット工学研究所客員研究員
2010 年　中部大学工学部教授
　　　　ロボットビジョン，計算機視覚，動画像処理，パターン認識・理解の研究に従事．

藤井隆司（ふじい　たかし）
1998 年　中部大学大学院博士前期課程修了
2000 年　中部大学工学部教育技術員
2008 年　名古屋工業大学大学院博士後期課程修了，博士（工学）
2011 年　中部大学全学共通教育部助教
2013 年　中部大学全学共通教育部講師
2018 年　中部大学工学部講師
　　　　ロボット制御，信号解析・処理の研究に従事．

鈴木裕利（すずき　ゆり）
2001 年　名古屋大学大学院博士後期課程修了，博士（学術）
2001 年　中部大学工学部講師
2005 年　中部大学工学部准教授
2018 年　中部大学工学部教授
　　　　ソフトウェア工学，工学教育の研究に従事．

石井成郎（いしい　のりお）
2004 年　名古屋大学大学院博士後期課程修了，博士（学術）
2004 年　愛知きわみ看護短期大学講師
2010 年　愛知きわみ看護短期大学准教授
2018 年　一宮研伸大学看護学部准教授
　　　　創造性のメカニズムの解明とその教育的応用に関する研究に従事．

実践ロボットプログラミング　第2版
LEGO Mindstorms EV3 で目指せロボコン！
Ⓒ 2018 Hironobu Fujiyoshi, Takashi Fujii,
　　Yuri Suzuki, Norio Ishii　Printed in Japan

2009 年 9 月 30 日	初版発行
2018 年 4 月 30 日	第 2 版第 1 刷発行
2019 年 8 月 31 日	第 2 版第 2 刷発行

著　者　　藤　吉　弘　亘
　　　　　藤　井　隆　司
　　　　　鈴　木　裕　利
　　　　　石　井　成　郎
発行者　　井　芹　昌　信
発行所　　株式会社 近代科学社

〒 162-0843　東京都新宿区市谷田町 2-7-15
電話　03-3260-6161　振替　00160-5-7625
https://www.kindaikagaku.co.jp

藤原印刷

ISBN978-4-7649-0559-7
定価はカバーに表示してあります．

【本書の POD 化にあたって】

近代科学社がこれまでに刊行した書籍の中には、すでに入手が難しくなっているものがあります。それらを、お客様が読みたいときにご要望に即してご提供するサービス／手法が、プリント・オンデマンド（POD）です。本書は奥付記載の発行日に刊行した書籍を底本として POD で印刷・製本したものです。本書の制作にあたっては、底本が作られるに至った経緯を尊重し、内容の改修や編集をせず刊行当時の情報のままとしました（ただし、弊社サポートページ https://www.kindaikagaku.co.jp/support.htm にて正誤表を公開／更新している書籍もございますのでご確認ください）。本書を通じてお気づきの点がございましたら、以下のお問合せ先までご一報くださいますようお願い申し上げます。

お問合せ先：reader@kindaikagaku.co.jp

Printed in Japan
POD 開始日　2022 年 8 月 31 日
発　　　行　株式会社近代科学社
印刷・製本　京葉流通倉庫株式会社

・本書の複製権・翻訳権・譲渡権は株式会社近代科学社が保有します。
JCOPY　＜(社) 出版者著作権管理機構 委託出版物＞
本書の無断複写は著作権法上での例外を除き禁じられています。
複写される場合は，そのつど事前に (社) 出版者著作権管理機構
(https://www.jcopy.or.jp, e-mail: info@jcopy.or.jp) の許諾を得てください。

あなたの研究成果、近代科学社で出版しませんか？

- ▶ 自分の研究を多くの人に知ってもらいたい！
- ▶ 講義資料を教科書にして使いたい！
- ▶ 原稿はあるけど相談できる出版社がない！

そんな要望をお抱えの方々のために
近代科学社Digital が出版のお手伝いをします！

近代科学社Digital とは？

ご応募いただいた企画について著者と出版社が協業し、プリントオンデマンド印刷と電子書籍のフォーマットを最大限活用することで出版を実現させていく、次世代の専門書出版スタイルです。

近代科学社Digital の役割

- **執筆支援** 編集者による原稿内容のチェック、様々なアドバイス
- **制作製造** POD書籍の印刷・製本、電子書籍データの制作
- **流通販売** ISBN付番、書店への流通、電子書籍ストアへの配信
- **宣伝販促** 近代科学社ウェブサイトに掲載、読者からの問い合わせ一次窓口

近代科学社Digital の既刊書籍 （下記以外の書籍情報はURLより御覧ください）

電気回路入門
著者：大豆生田 利章
印刷版基準価格（税抜）：3200円
電子版基準価格（税抜）：2560円
発行：2019/9/27

DXの基礎知識
著者：山本 修一郎
印刷版基準価格（税抜）：3200円
電子版基準価格（税抜）：2560円
発行：2020/10/23

理工系のための微分積分学
著者：神谷 淳／生野 壮一郎／
仲田 晋／宮崎 佳典
印刷版基準価格（税抜）：2300円
電子版基準価格（税抜）：1840円
発行：2020/6/25

詳細・お申込は近代科学社Digitalウェブサイトへ！
URL: https://www.kindaikagaku.co.jp/kdd/index.htm